园林 秋色

Autumn
Colour
In Gardens

秋景植物及配置

余树勋 著

中国林业出版社

图书在版编目（ＣＩＰ）数据

园林秋色：秋景植物及配置 / 余树勋著 . —北京： 中国林业出版社， 2012.9

ISBN 978-7-5038-6717-0

Ⅰ.①园… Ⅱ.①余… Ⅲ.①园林植物－观赏园艺　Ⅳ.①S688

中国版本图书馆CIP数据核字（2012）第197029号

策划编辑：邵权熙　李　惟
责任编辑：陈英君　何增明

出　　版：中国林业出版社（100009　北京西城区德内大街刘海胡同7号）
网　　址：www.cfph.com.cn
电　　话：（010）83224477
发　　行：新华书店北京发行所
制　　版：北京美光制版有限公司
印　　刷：北京卡乐富印刷有限公司
版　　次：2012年9月第1版
印　　次：2012年9月第1次
开　　本：710mm×1000mm　　1/16
印　　张：8
字　　数：150千字
印　　数：1～3000册
定　　价：49.00元

小时候读唐诗中"停车坐爱枫林晚，霜叶红于二月花"（杜牧《山行》），简直不懂什么是"枫林"？怎么"晚"会比"二月花"还可爱？一大堆儿童时代的疑问。抗日战争逃到南方，已是高中毕业，住在长沙湘江西岸的望城坡，正值十月清秋到来，看到岳麓山上红叶点点十分可爱，当地一位长者告诉我"那是枫树"，证实了晚夏初秋"红于二月花"的实景。他的指点对我报考大学园艺系多少有些启发和推动。这里的秋色实在太美了。读大学只有园艺系能着一点造园的边。以后千里迢迢随着大学跑，饱览了西南山区的风景和树木，得益不浅。

国外读书阶段正好在北欧和北美，感到秋季旅游季节人数多、时间长，兴致勃勃胜过春游。找原因，发现其中确有缘由。当然其中植物美的引诱占主要部分。其他"秋高气爽"的气候宜人和严冬将至旅游艰难……等因素也有。写这本书的目的是想将我亲手拍下的美丽秋色加以科学的整理、介绍，为我们的园林业、旅游业的发展提供一些借鉴作用，从而更好地装点祖国的大好江山。是盼！

目录
CONTENTS

第 **1** 部分

值得赞美的秋色

（一）引言

人们常说"秋高气爽"，气象记录在北温带的数据也正说明，到了秋季雨水少了，气温不冷不热，晴空万里，加上自然界的植物，尤其是落叶植物，准备迎接凛冽的寒冬，在秋风摇落它的叶片之前，羞涩地变红、变黄或变褐，为秋景添加了喜人的赧颜。虫儿鸟儿也在冬眠之前叫上几声"再会"的歌鸣。浓重的秋色和秋声，为大地抹上诱人的和谐与华丽，诱惑着刚刚度过炎热的人们！秋游的浪潮席卷着世界的温带国家。

看看日历，每年8月上旬立秋，直到11月上旬立冬为止，这90天左右的日子人们称它"秋季"。赞美秋色并不是今天才突然想起的闲适之举，请翻翻唐宋诗，古诗人早已沉醉在秋色之中了。唐代的刘禹锡（772-842）在千多年前就写出：

自古逢秋悲寂寥，我言秋日胜春朝。

晴空一鹤排云上，便引诗情到碧霄。

他细心地觉察到秋日胜过春朝。

北宋的诗人韩琦（1008-1075）也为秋色助兴。诗曰：

谁言秋色不如春，及到重阳景自新。

随分笙歌行乐处，菊花莫子更宜人。

这首更加生动地赞美秋景。

唐代后期的诗人杜牧（803-852），在南方作官时写过《山行》一诗：

远上寒山石径斜，白云生处有人家。

停车坐爱枫林晚，霜叶红于二月花。

从诗中不难看出诗人为枫林之美所惑而恋栈到晚间。传至今日长沙岳麓山下枫林中的小亭取名"爱晚亭"，正是据此诗而来。足见秋色可以令人忘归、忘晚，甚至忘饥。太美了。

古诗人明白地咏出秋季比春季美，同时秋色被植物渲染后更加妩媚。生活在北温带的人们对这美好的图景不会无动于衷吧！且看秋色从何而来。

（二）视觉优先

　　人类大脑对四周环境的变化，在可视的范围内，最敏锐的是视觉。脊椎动物都是靠眼睛觅食、防敌、自理生活的一切环节。有些动物的视觉能力远超过人类。但人类的顶级智慧却补足了视觉的不足和缺憾。这里所谓的"优先"是指与嗅觉、味觉、听觉……等比较而言，与动物的视觉不去比了。

　　视觉来自眼睛，各种光源虽波长强弱各异，人类日常接触的仍以日光为主，"可见光"的七色光谱中以红色的波长最长，最容易映入眼帘，难怪唐诗人刘蕃诗：《季秋》

　　枫叶红霞举，芦花白浪翻。

　　宋朝的陆游诗：《送范叔》

　　天涯流落过重阳，枫叶摇丹已着霜。

　　可见枫叶在秋季变红容易触动诗人的视觉，引发诗人的情怀，写出动人的诗句。这些诗句引人向往。秋高气爽之日旅游业总是忙着提供这些"枫叶摇丹"的景色。使秋游旺季不致等闲错过。

（三）集锦缤纷

　　南方的枫树原名枫香，由于它的树脂有香气故名，长江以南许多地方山上有野生的枫香，诗人赞咏多指漫山杂生的红枫和许多别的秋色植物。

　　如宋·苏舜钦《沧浪亭怀贯之》诗句：

　　秋色入林红黯淡，日光穿竹翠玲珑。

　　指出红绿相融的情趣。

　　宋·苏轼诗《和陈述古》

　　千林扫作一番黄，只有芙蓉独自芳。

　　指出黄与淡粉红的和谐秋色。

　　宋代的陆游在缤纷的秋色中，不知如何赞美才好，于是咏出："舍南舍北秋光好，到处皆成一画图。"这张秋色图一定是万紫千红、菊黄橙绿、芦白桂香、梨枣半羞、梧落荷残、修篁弄雨、蓼花摇风……画不尽的锦容秋貌。真正渲染大地秋色的还是大自然中变化万千的植物。它们有意无意地凑在一起，秋季到来时合奏一曲百听不厌的"秋色交响乐"。该是园林工作者乐于详知其中的"节奏"和"音符"。然后做到："有意"似"无意"，仿造新"天地"，游者叹奇绝，其中有艺技。这正是写这本《园林秋色——秋景植物及配置》的本意。人为植造的秋景，有意识地将植物种类弄清楚，相互配植好，到了秋季自然姹紫嫣红，胜过春季的花朵。不难留住游人"坐爱枫林晚"了。

（四）装点悠长大块文章

秋色植物不仅种类多样，色彩绚丽，而且木本植物全株的叶片都变成红、橙、黄、紫、褐，肯定比春花怒放时更显出全株变色的大块文章，丹林尽染配上蓝天白云正是秋游时分。西方国家做过统计，各旅行社认为秋游的时段比春游长1个月。主要是植物除去秋叶之美还有秋果之美和秋花之美。苏轼诗："一年好景君须记，最是橙黄橘绿时"；王禹偁诗："棠梨叶落胭脂色，荞麦花开白雪香"；苏辙诗："荞花着雨争相秀，枣颊迎阳一半丹。"可见这些果实到了秋季也能显出美色，给人以"丰收"的喜悦。

叶子与果实之外，更引人秋兴盎然的是菊花。菊科植物很多种是"短日照植物"（short-day plants），秋分（9月下旬）以后昼短夜长，菊花花芽开始分化，野菊、家菊渐渐出现金黄的花朵，正如王安石的诗句："红梨无叶庇花身，黄菊芬香委路尘。"惠宏诗句："机杼声迟秋日晚，绕篱寒菊自开花"。秋色中咏菊花的诗最多。"采菊东篱下，悠然见南山"这句陶诗几乎无人不晓了。与菊花同时开的还有雪白的荞麦花，上面几句诗中都提到荞花如雪。除此之外还有香闻十里的桂花，喜湿的木芙蓉。最有逸趣的是满池的荷花谢了，荷叶枯了，诗人仍恋荷如痴，唐诗人李商隐咏道："秋阴不散霜飞晚，留得枯荷听雨声。"这秋色的尾声仍

然奏得诗人心旷神怡，真是东方文明的亮点。

装点园林秋色的有擎天的大树枫、槭、乌桕之类，有硕果累累的海棠、枸子、橘橙的丰收景象，有戏蝶香冷的菊花散放金黄。红叶、红果、黄花，深浅交辉，此起彼落，大地为之装点了整个金秋时节。真被唐代诗人刘禹锡说对了："我言秋日胜春朝。"

秋色赞美了许多，秋色如何而来也大致明白了，且看植造秋色的细节。

什么植物渲染了秋色

（一）引言

先简单地叙说一下叶子怎么到秋天会变红。本来植物叶子多是绿色的，正因为叶面上排列的细胞中含有大量的叶绿粒，里面充满了叶绿素，但还有胡萝卜素、花青素和叶黄素等。秋天到来，阳光变强、温度变低的情况下，叶绿素大量被分解而不能再合成，从而因有胡萝卜素和叶黄素而叶片由绿变黄，或因有花色素（anthocyan）而变成深浅的红色。所以红黄各色原来就存在，只因为叶绿素太多将红、黄、褐（少量丹宁的存在）抑制了，一旦叶绿素势弱，落叶树的叶片逐渐变红、变橙、变黄或变褐，然后秋风扫落叶，冬景来临了。一年之中最美的日子是落叶之前的秋色。

事实上，变红的时间有早有迟、有长有短，有深红、浅红、橙红、紫红，甚至先黄后红，如果苗木是播种而来（所谓有性繁殖苗），因遗传性的差异而每株不同（如同兄弟姐妹之间的差异）。一片纯林，如此美的糖槭（*Acer saccharum*）林，秋季徜徉其中真的使人如醉如痴。

人们都喜欢秋色之美。古诗人生活在南方的见到枫树变红，百感交集，写出一些咏枫的古诗传颂千古。很可惜古代还不盛行栽培木本的秋色植物。野生枫树变红几乎是重阳节（阴历九月九日）前后，正是思乡怀友的敏感契机。如"天涯流落过重阳，枫叶摇丹已着霜"（宋·陆游）；"江边枫落菊花黄，少长登高一望乡"（唐·崔国辅）。其他引起咏秋的诗中还有大量咏菊、部分咏梨、咏荞麦花、咏梧桐、咏木芙蓉（锦葵科 *Hibiscus mutabilis*）、咏桂花、咏芦苇及橙黄橘绿等，大都是半野生或人们喜爱的植物。真正染红秋色的要归功于枫香了。至于动物的秋季活动或鸣声，诗人也很动情，吟咏较多的如白雁、蟋蟀、飞鹤、鸣蝉、萤火虫等，因与秋色的关系不大，故从略。

翻阅古人的山水画，不难发现杂木林中夹杂少数水墨树木之外，用朱砂画红的阔叶树，大约就是秋色的表现。如明代画家蓝瑛绘的《白云红树图》其中明显地用白云衬托出红叶的树木。更早一些，南宋名画家李唐（1066-1150）绘《采薇图》画面上一松一枫，绘枫的叶片明显三裂，形似枫香无疑。

所以诗与画都足以说明秋色深深地感动了诗人与画家，毋庸细述了。

北京香山红叶闻名遐迩，即是近代人工造林种的黄栌（*Cotinus coggygria*，漆树科），它原产华北、中南山上阴坡，是"干旱景观"（Xeriscape）的主角，在秋季叶片变红的灌木或小乔木。让它在山上形成遮天蔽日的红叶林就不太容易，"坐爱栌林晚"势难实现。

翻阅北美《风景树木园》（*Landscape Arboretum*）的老目录，他们从各国搜集到槭属（*Acer*）的树木有 22 个种（Species），其中秋色最美的糖槭有 13 个品种（已定名可购的）。秋季变金黄的挪威槭（*A.platanoides*）有 27 个品种，都是高大乔木，耐寒、耐我国华北甚至东北自然气候的秋色植物。如果在植物园内先少量引种，试验成功再大批繁殖，我们的园林秋色岂不大大地丰富多彩了！

（二）秋季叶色变红的树种

这里指的是红色系列，其中有红加蓝、红加黄形成的复色，还有红加紫、红加橙的综合色。秋风送爽，全株渐渐统一为相近的红色系列，然后随风落去。正如《长恨歌》所咏叹的"落叶满阶红不扫"的景色了。

每年秋季北京的香山红叶招引来大量的游客，可见炎夏一过，城市居民对秋色的赏游十分热情。全国各大城市都不例外。为了予取予求我们稍费点功夫：出去看看，翻翻书本，增添秋色，满足秋游就比较容易提高现有的水平了。这些由衷之言不妨试试，谅有益矣。

秋季由绿变红的树种确实很多，当前世界一体、交通方便，很多苗圃商在争夺这个市场，"不怕买不来、就怕你不买"。所以下面按植物分类学的属名（Genus）或种名提出秋色植物的梗概，供搜集采购、引种试验、装点园景、繁殖销售、招徕旅游……实在是园林绿化事业中可行的一件重要的举措。

（三）红色系列的植物简介

落叶乔灌木在落叶前都要失去原有的绿色，渐渐在叶柄生出"离层"随风散去落叶。在失绿至落叶之间显出喜人的秋色（autumn colour），这个秋色不仅因植物而异，也因纬度及土壤酸碱度（pH 值）而异。至今并无细致的报告指出变化的色况。西方人很对壳斗科、栎属（*Quercus*）的褐色秋叶干挂在枝上大为赞美，这又是民族之间的差异了。

以下试将多年对秋色叶植物的搜集总结一下，以飨读者。

1. 槭属

槭树科（Aceraceae）有两个属，槭属（*Acer*）约 200 种，另一金钱槭属（*Dipteronia*）只 2 种，未见栽培。所以这一科槭属独大，北半球温带欧、亚、美 3 洲均有分布。《中国植物志》（1981 第 46 卷）中称"中国约有 140 余种"（66 页）。均有形态描述，少数附插图，但大多仍处于野生状态。对秋季叶色变化只在科的介绍中称："本科落叶种类在秋季落叶之前变为红色……非常美观"。在各个种的描述中对秋季变色情况未见再提。

西方国家出版的巨著如 L.H.Bailey 主编的《栽培植物大词典》（Hortus Third）1978 年问世。其中"槭属"的记述，虽称该属含 200 种，但具体描述形态并已知栽培要领及秋季变红或变黄等情况的只占 73 种（少量杂种），指明红色系列的有 18 种（占 24.6%）。在 73 种中原产中国（从东北各省至西藏）的有 24 种，占 32.8%，如果加上原产日本、韩国的一共有 50 种，可以合称"东方"或亚洲产的占栽培种中的 68.4%。产自北美的有 12 种。原产欧洲、土耳其及欧亚交界的高加索一带的有 11 种，总的情况可以自豪地称我们中华大地是槭属的大国了。其中为园林秋色贡献较大、栽培面积广袤、品种较多的并未超过 10 个种。在形态描述常用的一系列顺序中，择其显然醒目的部分弄清楚，供园林栽培者抓住要点，便于识别。

槭属共同的特点：落叶乔木，少数为灌木；单叶对生，极少复叶；叶形大多呈单数 3，5，7，9，11 分裂，再多呈羽状细裂；秋季大多变黄、变红或黄红之间的各种复色。花小，有黄绿、红、紫各色，单性或杂性。果实有双翅，开张角度因种而异，翅下含 1 粒种子。

平基槭（*Acer truncatum*）

顾名思义，拉丁种名 *truncatum* 是指叶片基部截形，所谓"截"是说像刀切的一样平直，这是明显的特点之一，叶片掌状 5 裂，裂片 3 大 2 小。小花黄绿色，顶生聚伞花序，4 月初与叶同放，淡雅可赏（图 1，图 2）。俗称元宝枫，"元宝"为古代钱币，如今很少人见过，而且槭、枫不分造成混乱，因果翅两片的张开角度有点像古代的元宝，如今尚不知元宝为何种形象的情况下，更难以用来比喻翅果的形象，故不妥。秋季叶色变黄（图 3，图 4），间有橙黄。在北方城市大可推广，小乔木高约 10m，庇荫效果及观赏效果均佳。

图 1	图 2
图 3	图 4

图 1 平基槭 4 月展叶同时开花，全株淡黄
图 2 小黄花生于聚伞花序上
图 3 10 月初平基槭叶变黄
图 4 变黄后间有橙黄出现（10 月上旬）

图 5
———
图 6

图 5 与平基槭近似的五角枫（*Acer mono*）叶基不呈直线，呈心脏形

图 6 平基槭入秋在蔚蓝天空下，红橙黄绿同株招展

与平基槭相近似的一种称为五角枫（*A.mono*），其叶形最明显的差别是基部不是"截形"，而是略呈心形（请注意：这是倒转的心形）（图 5），其他都很像平基槭。L.H.Bailey 的《园艺大词典》中将 *A.mono* 认为是平基槭的亚种（subsp.）、变种（var.）、变形（forma）甚至是品种（cv.），说法不一。原定名人 Maxim.（全名 C.J.Maximowicz，1827—1891）定名时用了 mono 这个拉丁文的前缀词，意思是"单一"，究竟是指什么单一？后人在莫名其妙中否定了这个种。我国东北许多地方称它为"色木"，这个"色"是指什么？查了许多书也弄不清。不过形态方面可以明了平基槭与五角枫之间比较近似，叶形基部的少许差异，有人建议说在平基槭名下为好（图 6）。

挪威槭（*Acer platanoides*）

拉丁种名的原义是"像（oides）悬铃木（platanus）"，叶片的外形确像悬铃木（一般泛称英桐）（图7）。《中国植物志》取名"桐叶槭"，因梧桐、泡桐、法桐等桐名繁多，容易弄混。挪威地处北纬58°以北，该地植物必定耐寒，对引种者是重要的启示，故仍用"挪威"为名甚妥。现市上本种的变种、亚种、杂种已达百个，我国已引种的品种有'Crimson King'（译成'红王'或'红帝'均有），叶色常年酱紫色，秋变橙黄，甚美（图8）。另如'银边翠'（'Drummondii'或译成'鹰爪'），叶心绿色，叶缘银白色，很美。这两种北京均可以生长。其他品种在树形方面有的品种矮小呈伞形，便于树下餐饮，名'Almira'，有的圆冠大乔木名'Charles F.Irish'，有的树冠为卵圆形中乔木名'Cleveland'秋叶黄色（图9），国外均有各种树龄的现货待售。叶色方面已育出叶色中有粉红花纹的品种。各苗圃在市场上标新立异，名称十分混乱，无法系统地介绍，因均很耐寒，供求旺盛（图10）。

图7

| 图8 | 图9 | 图10 |

图7 挪威槭（*Acer platanoides*）（左）与英国梧桐（*Platanus acerifolia*）（右）叶片相似
图8 北京引种的挪威槭品种'红王'（'Crimson King'）
图9 华盛顿引种的挪威槭品种'克里福兰'（'Cleveland'）入秋叶色净黄色，夏季深绿
图10 挪威槭十分耐寒，北美北部的成年大树能度过 −40℃低温，叶色入秋褐黄色

第2部分 什么植物渲染了秋色

21

糖槭 (*Acer saccharum*)

是槭属中既好看又好吃的一种。它的拉丁种名及英名都表示"糖"的意思，在美国北部寒冷的州如明尼苏达州每年低温到 −40℃也能大量种植糖槭，生产糖浆还招来不少秋游的客人。夏日叶大荫浓，庇荫效果良好，树型高大能达 40m（图 11）。春夏之交从木质部可以引流含糖量达 17% 的树液。然后加工浓缩成糖浆上市，用来涂面包或加入咖啡中，均很美味（图 12）。每逢秋季糖槭的叶色在槭属中变化最为丰富多彩。经数年的观察，其秋色的特点有二：①每株秋季变色的遗传性不同，时间的迟早及初现的色彩，各株有其自持的规律。如糖槭林中，在秋季降温时，某一株首先变色（黄或橙），以后每年这一株总是领先变色，遗传性很稳定（图 13）。②变色的顺序不同。有的由绿变黄然后落去，有的由绿变橙、再变橙红落去，有的由绿变红……各株初变、再变的顺序每株有其一定的规律，鲜为人们注意（图 14）。由于上述的原因，糖槭林的秋色色彩特别丰富。以致"坐爱槭林晚"的大有人在（图 15）。

图 12 | 图 11

图 11 糖槭叶大荫浓，树型高大能达 40m
图 12 从糖槭的木质部引流含糖的汁液然后加
工制成糖浆

图 15 | 图 13

图 14

图 13 经观察，这一株每年都领先变
　　　红。因遗传性，每株变色迟
　　　早不同
图 14 秋季变色的黄、橙、红等色
　　　彩深浅规律每年相同
图 15 糖槭的秋色特别丰富多彩，
　　　"坐爱槭林晚"的大有人在，
　　　流连不去

23

由于育种工作竞争激烈，每年上市的变种、品种很多。在加拿大及北美少数原产地尚能见到原种。树龄小的树皮灰色不裂，胸径 20cm 以上即纵裂呈深灰黑色。叶片 3～5 裂，裂片先端渐尖，沿叶边有少数刺状浅裂，同一株上叶形变化很大。我国辽宁省已引种，发展前途看好（图16，图17）。

图16 ｜ 图17　　图16 糖槭品种 '卡米纳'（'Carmina'）
　　　　　　　图17 东北已引种先黄后红的品种

鸡爪槭（*Acer palmatum*）

这一种的拉丁名 palmatum 是手掌的意思，英文称它为 Japanese maple，直译"日本槭。"实际上中、日、韩三国均产，并非日本独有。在中国分布在山东、河南、江苏、浙江、安徽、江西、湖北、湖南、贵州等地低海拔山区，野生小乔木或灌木（图18,图19）。叶通常7裂，外轮廓近圆形,径7～10cm。裂片边缘有锐齿，裂片深达全叶的1/3～1/2（图20）。叶面深绿，叶背淡绿色。花小，紫色，发叶后开花。果翅连小核果全长1.6～2cm，两翅开张成钝角。L.H.Bailey 称秋季叶变鲜红。特别提出经人工栽培后变种、品种、变型之多，居全属首位，其中常年红色叶的大量品种与秋色无关，不拟介绍。常年叶色红赤，即使叶形多变，观赏效果亦属平常。有时只靠盆景展示叶色（图21）。

本属中另有一种，学名为 *Acer japonicum*，中名在《中国植物志》中译为"羽扇槭"，《北京植物园名录》及《园林树木学》等译为"日本槭"，英文普通名亦称"Japanese maple"，与鸡爪槭的英名相同，形成异物同名的混乱情况。

图18 山区野生鸡爪槭呈灌木或小乔木，秋季变红（江西）

图 19 我国中南、西南许多地区低山区野生鸡爪槭小乔木，秋季变红（江西庐山）

图 20
———
图 21

图 20 鸡爪槭叶片通常 7 裂，外轮廓圆形，秋变绯红。
鸡爪槭裂片边缘有锐齿，裂深达全叶 1/3 ～ 1/2

图 21 有时只靠盆景展示常年红色的叶片

但鸡爪槭（*Acer palmatum*）是在1783年由C.P.Thunberg在瑞典 *Uppsala* 的科学杂志上定名发表的。日本槭（*A.japonicum*）也是他于1784年在《日本植物志》（Fl.Jap.）中发表，相隔一年。两个种均产日本，形态上亦比较接近（图22，图23，图24，图25）。经200年的积累，《中国植物志》第46卷已将这样复杂的大属进行分组、分系，共计15组（Sect.）22系（Ser.），将鸡爪槭与日本槭同放在组2、系3：鸡爪槭系（palmata）中，英名虽相同，拉丁名不同。形态上的判别简列如下：

原种	变色	叶裂	植株	果翅
鸡爪槭	常年红占多数	常7裂	较高大	紫红变棕黄色
日本槭	秋季由绿变红	常9裂	较矮小	黄绿色

图22 ｜ 图23

图22 鸡爪槭与日本槭相比，叶片分裂常是7与9的差别，日本槭秋季叶片由绿变红
图23 由于品种多样，日本槭由绿变黄的也有

图 24
图 24 日本槭由绿变红，变橙黄，品种之间差异很多
图 25 日本槭有一变种，叶片狭而多，形如乌头，取名 var. *aconitifolium*，
市场上当品种出售，因矮小奇特，常作盆景，上海有售

图 25

茶条槭（*Acer ginnala*）

拉丁种名 ginnala，传说是西伯利亚的土名，中文译成茶条槭是因其嫩叶可以充作茶叶故名。十分耐寒，自西伯利亚东部至我国东北、华北，朝鲜半岛、日本等地均有分布。大型灌木。单叶 3 浅裂，中间裂片甚大（图 26），外形长达 8 ～ 10cm，宽只 5 ～ 7cm，呈长卵形，叶缘有大型重锯齿。秋季叶缘、叶脉及果翅先变红色，然后逐渐扩大红色，红绿相间时甚美。果翅两片几近平行。圆锥花序变成红色翅果，格外引人喜爱。在园中因分蘖性强，充作大灌木孤植或列植成高篱，均甚适宜（图 27，图 28，图 29）。

图 26	图 28
图 27	图 29

图 26 茶条槭叶片 3 裂，但中间裂片甚大，两侧裂片小，边缘又有大型锯齿，秋季黄、红、紫相间

图 27 美国最冷的明尼苏达州用茶条槭充作公路斜坡上固土的绿篱

图 28 公园内也常见茶条槭至秋季变成红色篱墙

图 29 茶条槭可以长成大型灌木，挡风效果好

银槭 （*Acer saccharinum*）

这个拉丁种名比糖槭多两个字母"in"，容易弄混。因它的绿叶背面银白色，英名 silver maple 我们也跟着译为银槭。秋季叶色变娇黄，加上银色叶背，在秋风中独具清雅、萧洒的风姿，十分喜人。银槭叶片 5 裂，3 大 2 小，中间裂片大、先端又 3 浅裂（图 30），叶宽达 15cm。植株为高大乔木，在冷凉湿润的地方，株高可达 40m。十分耐寒。生长迅速，年生长量高达 30～50cm。是庇荫、绿化用材的优选树种。尤其落叶前比红叶更美（图 31）。

西方国家市场上银槭的品种待售的甚多。也有少数秋叶变红的。北京植物园（北园）名录上已引种 'Silver Queen'（'银后'）及 'Laciniatum Wieri'（'条裂'银槭），已成活（图 32）。

图 30

图 32

图 31

图 30 银槭叶 5 裂，3 大 2 小，中间裂片大，秋变娇黄，叶背银色

图 31 高大银槭在美国北部城市常见，生长快，耐寒，秋色美

图 32 北京引种的银槭品种'银后'('Silver Queen')

第 2 部分　什么植物渲染了秋色

复叶槭（*Acer negundo*）

拉丁种名 negundo 为马来土语，早年（1753）瑞典林奈定名前后曾认为它的复叶像接骨木（Elder）又像白蜡（Ash），所以英文名出现 Box Elder 和 Ashleaved maple 等混称的情况。中名"复叶槭"很确切，因为这一属中它是唯一已经发现的羽状复叶种类。落叶乔木高 15～20m。叶片由 3～5 对小叶形成羽状。小叶卵形，具粗锯齿，长 8～10cm，宽 2～4cm，先端渐尖、基部钝楔形，表面深绿、背面淡绿，顶生小叶时常 3 浅裂（图 33）。花小，黄绿色，雌雄异株，发叶前开花，是良好的蜜源植物。长生快，耐寒。原产北美，现全世界均有栽培。已育出不少花叶、花边叶、斑叶的品种。秋季复叶变黄，与红叶树种混植，相映成趣，十分受欢迎。已有变红色及花叶新品种育出问市（图 34，图 35，图 36）。

图34	图35
图33	图36

图33 复叶槭秋叶变黄，3～5对小叶形成复叶，叶缘粗齿
图34 育出变亮红色品种'轰动'（'Sensation'）
图35 复叶槭新品种，叶边淡黄色花纹，取名'火焰'（'Flaming'）
图36 复叶槭品种'火焰'入秋绿色部分变红

红槭 （*Acer rubrum*）

拉丁种名是"红"的意思。指这一种开花红色，而且秋季叶色变红。如译成"红花槭"，因花小先叶开放，无任何观赏价值，主要是秋季全株叶片绯红艳丽，故将"花"字去掉，简称"红槭"为妥。

落叶乔木高可达 40m，树形开张，枝条光滑，叶片 3 ～ 5 裂，叶宽 8 ～ 15cm，全叶有心脏形轮廓，裂片三角状卵形，先端短尖，边缘有不规则的粗锯齿。表面绿色有光泽，背面灰绿。春季先叶开花，雌雄异株，花小，红色，偶然开黄色花，花序短而密。果翅长约 2.5cm，幼时红色，成束下垂，两翅相靠成锐角，干熟后随风逸去。本种十分耐寒。土壤稍有碱性或温热亦可度过。每到秋季，全树叶片通红或橙红。树形柱状、卵状。市场品种很多（图 37），有一种种名 'Autumn Flame'（'秋焰'），变红最早，保持

时间最久，颇受欢迎（图38）。北京植物园引入品种'Red Sunset'（'日落红'）、'秋塔'（'Autumn Spire'）等生长尚可（图39，图40）。

| 图37 | 图38 | 图39 | 图40 |

图37 红槭原种树形开张，能在碱性土中生长，十分耐寒，品种很多
图38 红槭品种'秋焰'得自品种'白兰地酒'红槭＋'月光荣'杂交后代中选出，秋色叶极红，保留时间最长
图39 红槭品种'秋塔'（'Autumn Spire'），树形瘦长，高15m，冠幅6～7m。秋叶红极，耐寒，实生苗中选出
图40 红槭品种'北林'（'Northwood'），高15m，小乔木，喜潮湿微酸性土，耐寒，分枝均呈45°，形成卵圆形树冠

紫花槭（*Acer pseudo-sieboldianum*）

又名"假色槭"。为此要从头说起，最先是 F.A.Miquel 将采自日本、叶片 7～9 裂、开花黄色的灌木槭定名为 *Acer sieboldianum*，是以此纪念当时的植物学家 P.F.Von Siebold（1796–1866），以后俄国植物学家 C.J.Maximowicz 在我国东北采到相近似但叶片有 9～11 个裂片，开花紫色，他在 1886 年在圣彼得堡杂志上定名为 *Acer sieboldianum* 的变种 var.*mandshuricum*（指我国东北）。中名"色槭"据称来源于 Siebold 名字的发音，不含颜色之意。

晚一辈的植物分类学家如 F.A.Pax（1858–1942）和 V.L.Komarov（1869–1945）翻老账，否定之否定将这种 9～11 裂、开紫花的，由变种提升为种，取名"假色槭"即 pseudo（假的）–sieboldianum（色槭）（图 41，图 42）。

后人可能不清楚上述的经过，于是改名为"紫花槭"，事实上这一种萼片紫色，花瓣白或黄白色，发叶前开花，花型小无观赏价值，取名紫花槭不足以表明它的特征。形态上大部分像 *A.sieboldianum*，只是叶片多为 9～11 裂，

图 41 紫花很小无观赏价值，但秋叶全部变紫耐人寻味

叶缘锯齿较深。花似紫色（萼片大于花瓣），实际不是真正的"紫花"。

本种灌木状，人工管理下可形成高 6～8m 的小乔木，树皮及枝条均灰白色。叶近圆形，直径 6～10cm，基部心形，常 9～11 裂，裂片深达全叶 1/3～1/2，先端渐尖，边缘有尖锐重锯齿。花萼紫色 5 片，长 4mm，花瓣 5，白色或淡黄色，长不足 4mm。翅果紫色，长 2.5cm，张开成钝角，9 月间随风落去。原产黑龙江东部，十分耐寒。韩国及俄国均有栽培。秋季叶色变红或紫红，十分绚丽。简称"紫槭"可能妥切。

图 42 紫花槭（假色槭）成年植株裂片达 9～11 个

本种原变种北京植物园（北园）已引种成活。

以上简要提到槭属植物在园林中最常见的 9 个种的概况，正因为是秋色中的主角，拟小结如下：

①槭属是一个大属，种类多、分布广、适应性较强，大部分种类秋季都能变成绚丽的色彩，增添环境中的色彩美，优点甚多，故应列为本书中秋色植物的首选。

②为创造美好的生态环境而引进应用。选择树种时，只要能活、能长、能达到园林布置的要求，并无国界的限制。中国原产的银杏，早已传遍各洲温带。外国人种中国的银杏并不以为耻辱，反而赞扬中国能保存下来这种宝贵的树种。槭属分布虽广，栽培、育种、努力经营推广槭属的还是东方的中、日、韩等国家。为了美化环境，国际市场上优异苗木品种的相继推出，正好给我国提高绿化水平、增加适宜的品种提供了条件。所以介绍好品种应不受国界的限制，互通有无很重要。

③槭属都是翅果，果中 1 粒种子（小核果）在沙藏越冬后，都能生根发芽，种子繁殖可得到大量的苗木。为防发生变异或保留特殊形质，也可以用扦插、压条等无性繁殖手段。所以繁殖容易也应列为槭属的优点之一。其他如生长较快，材质优良，有的还能生产糖浆。总之，槭属各种不只是"秋色多红颜"一项喜人的优点。

2. 黄栌属

是漆树科（Anacardiaceae）中对秋色的贡献十分闻名的属。主要是大片种在北京香山（或称西山），因秋季游赏红叶而闻名。本科还有黄连木属（Pistacia）和盐肤木属（Rhus），都是秋色中不可少的名角。

黄栌（Cotinus coggygria）原产匈牙利、捷克一带。1883 年由分类学者 Giovanni Antonio Scopoli 发表定名为黄栌属中的 Coggygria 种，这个拉丁种名含意各词典、字典均无法查出。产在中国西部的是这一种的变种 var.cinerea 直译为"灰毛黄栌"（见 1958《植物学报》）。《中国植物志》（45 卷 1）中译为"红叶"，而《中国种子植物科属词典》（1982 修订版）中称："我国有黄栌 C. coggygria var. glaucophylla C.Y.Wu 和矮黄栌 C.nana W.W.Sm. 等 3 种。"实际上前者为云南产的"粉背黄栌"，1979 年吴征镒在《云南植物志》上已发表。北京香山种的"红叶"1982 年出版的词典上却只字未提。

黄栌在引来北京上山之前，人们利用它黄色的木材作黄色染料，这个"黄"字是指染料而言。到了北京大量出现在西部山区以后，才引起城市居民的雅

图 43 ｜ 图 44 　　图 43 黄栌秋季叶色大多变红色
　　　　　　　　　　 图 44 黄栌叶色秋季少数变黄色，遗传性不变

图 45 少数黄栌先黄后橙，大都株宽大于株高

兴，秋游赏秋色，于是黄栌成为首都秋色的主角。名字也美化成了"红叶"。

且说"红叶"（*Cotinus coggygria* var. *cinerea*）由于叶背有灰毛，成为这一变种的特点。

中等灌木，高 3～5m，常见树冠宽大于高。单叶互生。叶倒卵形至卵圆形，长 3～8cm，宽 2.5～7cm。叶背有灰色茸毛。秋季（北京约 10 月中下旬）叶色变橙红、紫红及各种深浅的红色系列，少数植株变黄（图 43，图 44，图 45）。11 月上旬以后红叶飘落，秋游渐渐收场。

看红叶的黄栌变种，常在河北、山东、河南、湖北、四川等地向阳的坡地上生长，500m 以上林中野生。圆锥花序顶生，花小不足 3mm，杂性，花梗长，上面生满长茸毛，大部分花朵不孕，但花梗延长，柔毛成丛，远望全株被多毛的花序笼罩，如烟似雾，英国人给它取名"Smoke Tree"（烟树），形象很恰当有趣。

黄栌耐旱、耐瘠薄，相当耐寒，有阳光处生长好，林下稍阴亦可，北京西部山区正是适合上述的耐性所以发展很快，为北京秋季增色不少（图 46，图 47，图 48）。

黄栌灌木性强，造一片可入的林地，必须首先密植；其次要在早期人工修剪养成独干小乔木，这样的矮林，秋季可以设凳椅供游人"坐爱栌林

图 46 ｜ 图 47

图 48

图 49

图 46 红黄相间自然协调，大面积造林成功为北京增色
图 47 北京西山坡地上干旱、土浅，阳光不足，黄栌的秋色俯视极美
图 48 北京西部山区自然条件适合黄栌生长，人工造林形成首都名胜
图 49 黄栌造林必须人工修剪养成小乔木，然后密植成林

图 50 黄栌林秋季设椅、凳供游人"坐爱栌林晚"，不必爬山也可赏红叶

晚"。比山区造灌木林生长较快，成林并不太难（图 49，图 50）。

北京西山的红叶早已闻名遐迩，但这个变种并不原产北京，所以前人推断是人工造林而来。西山的生态、土壤地质、气象等自然条件，经过几十年的考验，证明早年选择黄栌造林是恰当而明智的。

欣赏秋色包括对黄栌的爱戴，与爬山运动不一定联系在一起，种在山上使老、弱、病、残望红叶而却步，可惜了秋高气爽的好日子。所以扩大秋色植物的种类、增加秋色植物种植的面积，岂不是为北京的秋游更加锦上添花！不一定非爬山不可。

黄栌在山上的条件固然不佳，但它的习性耐干旱、瘠薄，我们在没有条件人工灌水施肥的情况下，应该顺应它要求的条件，防止病虫的侵袭，防除野草的纠缠，减少狂风的吹折，截流保留雨水，设法延长它的寿命，持续更新换代……等，该做的事还有不少。

3. 黄连木属

黄连木（楷木 *Pistacia chinensis*）

漆树科中又一秋色的名角，1833 年由植物分类学家 A.A.von Bunge（1803–1890）定名为"中国的"（Chinensis）为种名。所以黄连木的英文普通名称之为"中国的黄连木"（Chinese pistachio）。确实这一属虽栽培已遍布全世界，但原产地除东北和内蒙古外，我国各地均常见于低山区林中。是主干通直，20 余米高的大乔木，木材黄色，可充黄色染料，种子可榨油。

中国的黄连木古称"楷木"，楷字含有典范法式及刚直坚强之意，楷木正可以享有这一佳誉，长江以南深受欢迎。全株偶数羽状复叶，小叶 5～7 对，披针形，长 5.8cm，宽 1.5～2.5cm，基部偏斜、全缘。秋季叶色由绿变橙红、紫红，十分艳丽（图 51，图 52）加上果序成熟后也变红色，种子亮蓝紫色，与红叶、红果序相映成趣，迟迟不落，使秋色常驻，很美（图 53）。

黄连木花单性异株，雌花为圆锥花序，雄花为总状花序，花瓣与花萼不分（称单被花）。果蓝紫色，球形，径 6mm，种子可供繁殖。苗木耐干旱瘠薄，根深，生长较慢。秋季红叶时间较长。北京植物园有一雌株在俞德浚墓西北，树干挺直，入秋极美（图 54）。

		图53
图51	图52	图54

图 51 秋季黄连木由绿变橙红
图 52 入秋黄连木变紫红，叶留树上时间较长
图 53 黄连木雌株果实与叶同变赤红，种子蓝紫，相映成趣
图 54 北京植物园 50 龄黄连木已楷楷成才

4. 盐肤木属

盐肤木（*Rhus chinensis*）

盐肤木（*Rhus chinensis*）与火炬树（*R.typhina*）在 200 年前中国清代出版的《植物名实图考》中，即在"盐麸子"名下文图并用介绍了现称的"盐肤木"，估计是用同音字"肤"代替了原先的"麸"字。在该文中简要地提到：①早在宋太祖（960-976）《开宝本草》中就开始提到盐麸子。②分布地点在江西、湖南的山坡上。③当地习俗多用其虫谓之五倍子。再看书上的附图一点不错，确是指现在的盐肤木。

盐肤木的叶片上自春季寄生一种蚜虫，吸食叶汁并产卵引起叶片上生出鼓起的表皮保护虫卵，称为虫瘿。生满叶片形如麦麸，秋季干叶上的虫瘿有点像一层盐粒，而且能溶于水中鞣制皮革或药用，这样就出现"盐麸子"和"五倍子"之类名称。至今地球上动植物"共生"的过程，已经有不少研究弄清楚了。这里只说明盐肤木古称盐麸子，而不是指它的秋色红艳一如古代美女名"吴盐"的皮肤一样美丽。麸与肤不能通用。这里应该加以订正。

盐肤木是灌木性，人工可以养成小乔木，高可达 7～8m。全株密生黄色茸毛，奇数羽状复叶，小叶 7～11 对，叶轴生，有条状叶翅，小叶卵状椭圆形，边缘有锯齿。花小、杂性，顶生圆锥花序，雌雄同株。果扁球形，径 5mm，有毛，秋变红色。秋叶浓红色，与果序红色相配甚美。野生盐肤木产五倍子常为农村副业来源。城市公共绿地在人工管理下，可以饱赏盐肤木的秋色，蚜虫不来了（图 55）。

图 55 盐肤木羽状复叶，小叶 7～11 对，中轴有叶翅，入秋红艳

火炬树（*Rhus typhina*）

与盐肤木同一属，又一展示秋色的重要树种。称它为火炬树，因它的果序变红以后，像一支点燃的火炬，很恰当。拉丁种名"typhina"大概用来形容火炬树的果序有点像香蒲（typha）果棒的样子。英文称它为"Staghorn sumac"，中文曾译为"鹿角漆树"，也是以果序的形状取名的。

火炬树根蘖很发达，由它自行发展，几年即成片状灌木林，如人工养成乔木，能达到8m高（图57）。奇数羽状复叶，小叶最多能达31

图56

———————

图57 | 图58

图56 火炬树羽状复叶，小叶多达 10 ～ 31 对，秋色橙红
图57 春季去除根蘖可以养成 8m 高的小乔木，与油松背景相互衬托
图58 果序鲜红，形如火炬，叶片后红

图 59 │ 图 60 　　图 59 乔状火炬树的侧枝
　　　　　　　　图 60 国外育出火炬树新品种'羽裂'北京已引种

对，少则不少于 10 对，小叶长圆状披针形，边缘有细锯齿（图 56），长 11～13cm，秋季全株鲜红，比黄栌艳丽。花虽小，顶生圆锥花序，果序先叶变红，小果紧密相连，如同红色火炬（图 58），然后叶色渐红，枝长叶茂相映协调（图 59）。北京香山的火炬树渐渐成片，秋色将更加绚丽。

火炬树原产北美，近年来，已育出成对小叶再分裂的新品种：'羽裂'火炬树（'Dissecta'），北京市植物园已引种成功（图 60）。

5. 枫香属

枫香（*Liquidambar formosana*）

槭、枫不分混乱多年，势难扭转。古诗中咏枫的不少，大多是指这一种"枫香"，原因一是诗人吟咏地点多在长江以南，北方无枫香；二是泛指野生在山中的枫，大量栽培是汉宫的故事。

前言中提到"爱晚亭"的故事，都是指枫香。

植物学家发现世界上同枫香近似的有 5 种，分布在亚洲和美洲。它们都从树干分泌出一种香而透明的胶脂状物质，在分类学中合并在一起，取名"枫香属"，放在金缕梅科（Hamamelidaceae）。

中国长江、淮河，中南、西南、东南，很多潮湿温暖的地带，低山区常能见到枫香。落叶乔木，高达 30m。半革质的单叶互生，叶形掌状三裂，中间裂片大型，似儿童肥胖的小手，加上叶柄细长达 11cm，秋季变红时，秋风送爽一如众多小手招唤。古诗中所云"枫叶摇丹已着霜"（陆游诗句），这个"摇"字非常生动，确实微风中树梢的叶片总在摆动。

另外枫香的秋色变红较早，对秋季低温的降临比较敏感。所以古诗人细致地观察到"叶叶丹枫着早霜"（陆游诗句），"轻霜醉枫叶"（元·许有壬诗句）……早霜或轻霜都说明天气刚刚冷，枫香的叶子就变红了。这在秋色园中是最受欢迎的树种（图61，图62）。

图61 庐山所见枫香，伴以芦花，正如唐·刘蕃诗"枫叶红霞举，芦花白浪翻"的诗意

国际规定植物拉丁学名的第二个字（所谓"双名法"）定名人按它的形态、产地或发现者等，选择一个恰当的"种"名。用拉丁文向全世界宣布这一种植物有代表性的形态细节。枫香的拉丁种名是"formosana"，这个拉丁文译为"美丽的"，可是荷兰人占领台湾岛时曾称该岛为"Formosa"，恰好岛上也产枫香，在种名上曾一度混乱。称它"美丽枫香"还是"台湾枫香"？扯不清。现在以属名代种名就简称"枫香"。明代李时珍在《本草纲目》（1596）中称："枝善摇、字从风，俗呼香枫"意思是指"这种树的枝条因风吹而喜欢摇动，就称它为香枫。"但后人又倒过来称"枫香"至今。

图62 东方枫香（*L.orientalis*）产小亚细亚，叶5裂，秋叶甚美，杭州已引种

第2部分 什么植物渲染了秋色

49

至于拉丁学名，自从 1866 年 H.F.Hance（1827-1886）发现定名为 *L.formosana* 之后，到 1918 年这 52 年中，就有 4 篇文章发表同一植物，给以不同的种名，如 *L.acerifolia*（槭叶枫香）、*L.maximowiczii*（马氏枫香）、*L.tonkinensis*（东京枫香）等，一片混乱。自从第 5 届国际植物学会 1930 年在英国剑桥开会，并定出一部完整的"命名法规"之后，原则上尊重发表的"优先权"。至今，这个命名法规虽多次修改完善，对这个优先权的尊重始终未变。由于 Hance 最先发表，这个 formosana 仍旧被公认为合法、准确、无误。

为什么古人对"枫"如此关爱？上面提到叶片喜摇和变红较早两方面，古诗之外还发现别的文献如 1688 年清初陈淏子编写的《花镜》中称"汉时殿前皆植枫，故人号帝居为枫宸"。这个"汉"可能是指秦代之后即纪元前 206- 公元 220 的汉代（史称西汉），那就是两千多年前就被皇帝看上并种在宫内的名树，使皇宫都因枫香的种植而改称"枫宸"，当时的百姓家是不是敢于种植未见记载。总之，枫香的秋色喜人、香溢满园是不容置疑的优点。

古画中不少山水画用石绿和朱砂绘出秋色，十分形象。如南宋名画家李唐绘《采薇图》，图中除伯夷、叔齐二人对坐之外，配一松（右）一枫（左），枫叶 3 裂，显然是枫香的形象，十分逼真。另外还暗示二人"义不食周粟"的忠贞气节，松与枫是足以代表人的高洁性格，从而又增加了人们喜爱枫香的画外之意（图 63，图 64）。

图 63 南宋·李唐绘《伯夷叔齐采薇图》（左半）图中一松一枫，左半枫香十分形似（陕西首阳山）

图 64 明代·蓝瑛绘《白云红树图》，古山水画以朱砂红绘秋色，多以枫香为题（存北京故宫）

图 63 | 图 64

6. 蓝果树属

蓝果树（*Nyssa sinensis*）

中名别名：柷萨木、紫树等。英文名 Tupelo。Nyssa 源于希腊语。中名因其果实成熟后呈蓝色故名，但最后由蓝变紫，加上秋叶先红后紫，亦曾取名紫树。本属已发现在亚洲和美洲的有 6～7 种。由于木材好、秋色美丽，在温暖湿润的地带已变为观赏植物或用材造林树种。

蓝果树为落叶乔木，高可达 30m，长江以南雨量丰沛，虽瘠薄处山野间亦能发现野生。单叶互生，叶卵状椭圆形，长 8～16cm，全缘，先端渐尖，基部楔形。美国产一种林间蓝果树（*Nyssa sylvatica*）叶形为椭圆状倒卵形，先端不是渐尖而是短尖，果实比中国蓝果树略小，容易区分。作为观赏秋色，美国中部及南部这种林间蓝果树相当常见（图 65）。

中国蓝果树花小，单性异株，雄株上雄花为伞形花序，雌株上雌花头状花序。果熟时椭圆形，蓝色，后变紫，可供播种繁殖。因主根强，不耐移植，小苗时即加工短剪。秋叶甚美，充作行道树或园内孤植均为秋季不可少的景色（图 66）。

图 65 美国中部及南部林间蓝果树（*Nyssa sylvatica*）秋色极美

图 66 中国蓝果树秋叶绯红，长江以南大可推广

第2部分 什么植物渲染了秋色

51

7. 小檗属

小檗科（Berberidaceae）含 17 属约 650 种，其中小檗属种类最多，逾 500 种，故列为科名。这一大属我国产 250 多种，其余多在北半球温带。以其秋季叶色大多变红，果实变红，夏季花色金黄，加上很多种类可以医病，早已是园林中点缀秋景、异常绚丽、深受欢迎的树种。

小檗分布广、种类多，杂交的新品种充斥市场，目不暇接。我国野生小檗的宝藏却仍在山野中生长，各植物园为外来小檗品种的引入十分踊跃。如北京市植物园已引种小檗 7 种，品种 28 个，均来自国外，而且品种居多。分类有一定困难。

普通小檗（*Berberis vulgaris*）

这是各国栽培最普遍的一种。落叶灌木，高 2m，枝黄绿色有棱及纵沟，叶簇生，每簇基部有单刺或三叉刺；叶长圆形或椭圆形，先端突尖，基部楔形，边缘有刺状细齿，绿色或紫色。花小，15～25 朵组成总状花序，连总梗长 4～6cm，果熟时红色，花柱不宿存。叶入秋变红，落叶后红果宿存入冬（图 67，图 68，图 69，图 70）。

图 67 普通小檗秋果变红，能保持入冬不落

图68 普通小檗夏花金黄成串
图69 小檗的红叶与红果合奏的秋色之歌
图70 北京市植物园内绚秋园小檗的秋色

8. 南天竹属

小檗科中另一个单种属，即南天竹属中唯一的"南天竹"（*Nandina domestica*），它的果实秋季鲜红，叶色部分变红，为中国南方喜爱的秋色观赏植物。

常绿小灌木，分枝少，高 2m 或更高，枝丛生，红色。叶互生，三回羽状复叶，总长 30 ～ 50cm，小叶羽状对生长 2 ～ 5cm，先端渐尖，基部楔形，全缘，叶厚实，秋冬变红。不耐寒，故长江以南才可露地栽培，春季转暖后新叶复生，红叶落去。花小白色，有香气。夏季栽于庭院内闻香，秋季赏红果累累，冬季增添红叶，为江南秋色中不可或缺的植物（图 71）。

果实为球形小浆果，熟时明亮鲜红，直立集生果穗上，甚美。浆果 1 室 3 胚珠，所结种子扁圆。可播种繁殖，成苗后根蘖丛生，分株十分容易成活。我国北方多盆栽南天竹，冬季搬入室内避寒。

我国古籍与古画中常见南天竹踪迹，如 1688 年清代陈淏子编《花镜》中即提到"南天竹……吴楚山中甚多……结果甚多，至冬渐红如丹砂，雪中甚是可爱"。可见 300 多年前已是园中不可少的宠爱植物。

图 71 南天竹秋果鲜红

9. 杜鹃花属

杜鹃花科是一个大科，下面分5个亚科，约含103属、3350种，广布全世界。我国有其中15属757种。闻名的杜鹃花亚科中含有大量观赏灌木即杜鹃花属。早年英国采集家从我国云南、贵州、四川采去几百种杜鹃花，已故分类学前辈冯国楣先生去英国考察时，英国人自己承认："没有中国的杜鹃花，就没有英国的花园"。可见中国杜鹃花已声扬四海，为人类做出了贡献。

《中国植物志》[第57卷（1）]中，按 H.Sleumer 的概念，及 A.Gray 的观点，将杜鹃属分为9个亚属，其中有一个迎红杜鹃亚属（*Rhodorastrum*）野生于东北、华北及朝鲜等干旱寒冷的林下或林缘地带。这个亚属中的迎红杜鹃（*Rhododendron mucronulatum*）（又名"蓝荆子"）自北京郊区移来植物园多年，不仅春花绚丽，而且在秋季叶色变红，为秋景增色，在杜鹃花属中是不多见的。

迎红杜鹃为落叶灌木，高1～2m，枝疏叶薄，叶长椭圆或稍带披针形，长3～7cm，两面均疏生鳞片。花序生于枝顶叶腋（假顶生），先叶开放，1～3朵伞形着生，花冠漏斗形，上口开张达4～5cm，

图72 生在林缘的迎红杜鹃接受日光多，变红较快

图73 迎红杜鹃全株红变，胜过开花的装饰效果

图74 入秋后日夜温差大，秋色变化快而均匀

第*2*部分　什么植物渲染了秋色

粉红或淡紫色，雄蕊 10，不等长，围绕中间突出的雌蕊花柱，在花冠内招展，子房 5 室，外部密生鳞片。蒴果成熟时自顶部开裂，散放稍带薄翅的小型种子。

迎红杜鹃花喜半阴和湿润，但在雨量少的北方及稍含碱性土壤中也照常生长。每到秋季灌木现出红叶，为半阴园林中增色不少。这在许多文献中均未提及这一发现（图 72，图 73，图 74，图 75）。

图 75 迎红杜鹃在温度突然下降时，叶片变红缓慢而早落

10. 地锦属

葡萄科（Vitaceae）中有 9 个属，地锦属是其中之一。其余也大都是蔓性藤本。地锦属是园林中垂直绿化的重要植物，尤其在北方，落叶前由绿变成鲜红，为建筑物的墙面装点成浓妆艳抹的秋色，十分重要。由北美引进的五叶地锦（*Parthenocissus quinquefolia*）由于耐寒、耐旱，在东北、华北各城市已广泛流行。垂直的墙面秋季敷上一层红艳的色彩，在最容易映入眼帘的大量墙面、山体或置石等上，秋季加添红色的涂抹，真是一幅看不完的画卷。

俗称"爬墙虎"，以前是指叶片三裂的地锦（*P. tricuspidata*），裂深未及全叶的一半。也还指一片叶深裂成 3 片小叶的三叶爬山虎（*P. semicordata*）。后来自北美引入一片叶深裂成 5 片小叶（形态学称"掌状复叶"）的五叶地锦，也混称"爬墙虎"，它的拉丁种名 quinque（五片）folia（小叶）连缀起来译成"五叶地锦"。仔细观察，虽都是木质藤本，卷须的生长各异。五叶地锦的卷须在茎上每隔 2 节与叶对生，每个卷须 5～9 分枝，先端扭曲，遇到附着物即扩大成吸盘。叶为掌状，5 小叶均近椭圆形，边缘有粗锯齿，长 5～15cm，5 片大小不等，中央一片最大，先端短尖，基部楔形，主脉清晰稍凹入，夏季深绿，新生嫩叶红绿，入秋新梢逐渐全部鲜红，小枝红色。果实小浆果，含种子 1～4 粒，黑紫色。在北京秋色旺季，即在每年的 10 月至 11 月上旬，也正是五叶地锦最红的季节，11 月秋风吹落以后，地面如同一片红色地毯，颇有节日的喜悦（图 76）。

五叶地锦在北方能耐寒，喜半阴，向北的墙面尤其容易爬满。南方各

图 76 ｜ 图 77 ｜ 图 78

图 76 五叶地锦风吹落叶如红色的地毯
图 77 五叶地锦爬上向西的墙面，入秋橙红
图 78 五叶地锦爬上向南的墙上，入秋变得鲜红

地引种，结果也很成功。这一外来植物将取代原有的三叶及三裂地锦。夏季酷热季节，因可减少墙面辐射热，有降温增湿的效果，更是城市生态建设及秋季美化难得的材料。扦插易活，生长快，值得大量推广。

　　五叶地锦与常绿的竹林（图79）或侧柏（图80）种植在一起，秋季红绿交织，使环境突显异彩，其他季节难以企及。在同一建筑物上，向西一面五叶地锦的秋色偏橙红，向南一面特别鲜红，这种差别在种植设计时值得注意（图77，图78）。

图 79　常绿的竹林中一缕红色地锦，秋色耀然

图 80　常绿的侧柏树墙，五叶地锦肆意纠缠显出秋色

11. 绣线菊属

蔷薇科（Rosaceae）中分为 4 个亚科，其一即绣线菊亚科，绣线菊属在这个亚科中是主角。秋季来临，在北方可以见到秋色红艳的绣线菊。我国有近 60 种。现从能将植物园内变红的、俗称"麻叶绣球"（*Spiraea cantoniensis*）的说起：《中国植物志》（第 36 卷）改称"麻叶绣线菊"，其实叶面一点也不麻，最早（1790 年）由 J.Loureiro 定名时取"Cantoniensis"，Canton 是以前广州的英名，可能标本采自广州，定名人就用"广州"为名，"麻叶"如何而来就无从细究了。

麻叶绣线菊为落叶灌木，高 1.5m，叶片长椭圆状菱形，近似披针形，长 3 ～ 5cm，最宽处 2cm，先端急尖，基部楔形。边缘中部以下全缘，以上具缺刻状大锯齿（图 84）。叶柄长 4 ～ 7mm。开小白花组成有柄的伞形花序，突出枝端。雄蕊 20 ～ 28 本，环生花盘上，中间雌蕊 5 心皮，形成分离的雌蕊，花柱短于雄蕊，授粉后结 5 个分离的蓇葖果，种子小，随风散去。

园林中为赏花而种植各种绣线菊，但生于北方的麻叶绣线菊在落叶前，秋风一起，即由绿变红、橙、紫，为秋色增添一派浓重的笔触（图 81，图 82，图 83），值得采用在山坡、林缘或草地上。由于绣线菊已记载的在我国有 59 种，按形态分成 4 个小组，下面又分为 10 个系，十分复杂。只有生在北方，秋季日夜温差较大的情况下，层林尽染，麻叶绣球为秋色的渲染添加一角。但在选种时不要忘记麻叶绣球的两个特点：①伞形花序有柄；②叶脉呈羽状。这样秋季的点缀将增加一个角色。

图 81 麻叶绣线菊入秋变橙红

图 82　　图 83

图 82 麻叶绣线菊有些植株秋色紫红
图 83 有些麻叶绣线菊入秋变鲜红
图 84 麻叶绣线菊叶片下半全缘，上半大锯齿，趋于 3 裂

图 84

12. 枸子属

在蔷薇科中枸子属放在苹果亚科中。虽无美味的果实，但秋季红果经冬不落，为秋季观果植物的佼佼者。这一属分布欧、亚、非的温带地区，全世界有90余种，中国已发现并定名的有50余种，目前许多园林中用枸子当绿篱、当墙面绿化材料，春季观花、秋冬赏果，为园林增色不少（图85）。

枸子属在半世纪前称"铺地蜈蚣属"，后来种类发现多了，才弄清楚原来是指"小叶枸子"（*Cotoneaster microphylla*）（见陈嵘《中国树木分类学》）。近代《园林树木1200种》中又认为是"平枝枸子"（*C.horizontalis*）的别名（图86）。总之两种都是半常绿，枝条两侧平展，花小，十分近似。不过，小叶枸子开花白色，平枝枸子开花粉红色，容易区分。"铺地蜈蚣属"不再用了。

落叶的枸子按花序中花朵多少，分类学家又分为"密花组"和"疏花组"，两者均有朵数的限定。为了免于弄混检索的要求："疏花组"指明每个花序开花在20朵以下，"密花组"花序上的花朵在20朵以上。如以"多花"为名就容易被疑为密花组的成员。为此，《中国植物志》改称"水枸子"，学名仍用"*multiflora*"（多花），至于与"水"有什么关系，得不到答案。原始记载："产黑龙江……（13省），普遍生于沟谷、山坡杂木林中，海拔1200～3500m。"情况如此。

图85 在背景衬托下的多花枸子秋色

图 86

图 87 | 图 88

图 86 小叶栒子侧枝平展，开白花，早年称"铺地蜈蚣"
图 87 多花栒子的红果经冬不落，秋色中的佼佼者
图 88 栒子属中，美国已育出红色叶的品种

　　北京植物园多年培养的水栒子（旧称多花栒子）小枝下垂，相互扭结，高只 2.5m。叶卵形至长椭圆形，全缘，叶柄长 4～8mm。花白色，有花 3～10 朵，呈聚伞花序。果近圆球形，直径约 8mm，经冬不落，招来鸟类啄食，园景为之活跃有生气（图 87）。果内 1 核，核内具 2 小核，各由 1 心皮形成，可在沙藏后供播种繁殖，扦插易活。

　　美国华盛顿植物园设立专题研究栒子属的分类、育种和提高观赏价值，并设立专属搜集区，10 月间进入该园大门，即可见到墙面爬满红色果实的各种栒子，展示他们研究的成果，其中还有秋叶红色的品种（图 88）。

13. 李属

蔷薇科（Rosaceae）也是一个大科，约124属、3300多种，而且同人们的日常生活非常接近，品尝的美味水果、观赏的艳丽花朵……很多都在蔷薇科内，无需细述。分类学家将它分为4个亚科，其中一个李亚科（Prunoideae）包含的内容（即属的划分）200年间始终争议不休。论点认为划分3属、4属、5属、6属、7属的均各有论据，各持己见至今未停。《中国植物志》（第38卷）即主张分为6属。本书拟介绍对秋色贡献最殷切的3种观赏的"小不点儿"（指欧李、麦李、郁李）恰好都在李亚科中。为了尊重俞德浚老前辈的意见，学名采用"樱属"（Cerasus），至于许多仍用"李属"（Prunus）为学名的也被认可。文献中至今互不统一。

欧李（C.humilis）、麦李（C.glandulosa）（图89）及郁李（C.japonica）（图90）这3种矮生落叶灌木同在"矮生樱亚属"的钟萼组（Sect.Spiracopsis）内，它们共同的形态特征是：①腋芽3个并生，两侧长花序，中间长枝叶。②萼筒钟状，萼片反折。③伞形花序，花梗较长，每花序1～4朵。④灌木状，株高均不够2m，秋季落叶前叶片由绿变红。这最后一点正是本书采用的原因。但这3种的区别何在？请看下表：

	叶片形状	最宽部位	花柱生毛
欧李	倒卵状长圆形、倒披针形	中部以上	花柱无毛
麦李	卵状长圆形、长圆披针形	中部、近中部	基部有疏毛
郁李	卵形、卵状披针形	中部以下	花柱无毛

这3种小矮灌木点缀园景很受欢迎。春赏粉红花朵，秋赏红叶，果小可食，核仁药用。其耐寒、耐旱，在华北、东北园林中不可或缺。

在李亚科中还有两种秋色绚丽的植物一并提出来，共享秋色。

一是'美人'梅。在梅花庞大的品种系统中属于樱李梅种系（Blireiana Branch）中的"樱李梅类"（Blireiana Group），它原是紫叶李（Prunus cerasifera 'Atropurpurea'）与梅花'宫粉'（Prunus mume Pink Double Form 'Gong-Fen'）的人工杂交种，取个雅名'美人'（'Alphandii'）引入北京植物园，立秋以后抽生大量紫红色叶片的秋梢（图91），为秋色增添蓬勃生气。另一是桃花中的碧桃（Prunus persica 'Duplex'）入秋落叶前也变赤红。常常是出乎意料的（图92）。

图 91

| 图 89 | 图 90 | 图 92 |

图 89 麦李入秋泛红，点缀大树前极为适用
图 90 矮灌中的郁李入秋变红，小巧可爱
图 91 '美人'梅秋梢红色
图 92 碧桃入秋叶子也随着变红，出乎意料

14. 山楂属

　　在蔷薇科中将山楂属放在苹果亚科（Maloideae），这一属虽然种类上千，可是大都分布在北美洲，中国各地产的山楂才有17种。由于北京的'山里红'果大味美，做成糖葫芦，更是中外闻名的美食。从"山里红"这个名字可以想见，当果实熟透变红，整个山里都变红了。这样壮观的秋色，可不能遗漏不告诉大家！何况红果之外还有红叶可赏，真可说得上"锦上

添花、果叶并美"了（图93）。

山楂半野生，在落叶果树中不必太精心照管，因有刺更少偷食的鸟兽。拉丁学名 *Craetagus pinnatifida* 是叶片羽裂的意思，每个裂片上还有不少尖刺，初秋亮丽的绿叶映着丛丛的红果（图94，图95），霜降前后绿叶变红，更是一曲合奏的秋曲。

图93 简直料不到山楂的秋叶也会这样红

红果之外还有结黄果的山楂，远在云南的"山林果"（*C.scabrifolia*）是橙黄色，南方的野山楂（*C.cuneata*）也有结黄色果实的，东北的光叶山楂（*C.dahurica*）也结黄果，如果适当地搭配，山楂的秋色中又多一个合唱的角色（图96）。

图 94

图 95 | 图 96

图 94 立秋以后果实先红，配着绿叶亮丽可爱
图 95 山楂属的分类主要按叶片羽裂的情况，这是羽裂组的代表山楂
（*C.pinnatifida*）
图 96 山楂属还有几种结果黄色，为秋色增加异彩

15. 梨属

吃梨很普遍，见过梨树的人却不太多。蔷薇科中又分出两个亚科，梨属即在苹果亚科中。野生的梨属植物，中国有十几种，果实中因石细胞过多等缺点，未能成为上市的水果，但春季开白花为山野增色，少数野生梨树的叶子在落叶前由绿变紫，加上叶面的光泽，为园中增添一派淳厚浓重的秋色，这就是常说的杜梨（*Pyrus betulaefolia*），叶片亮紫色十分宜人（图 97）。

图 97 野生、半野生（砧木）的杜梨，紫叶亮丽可爱

（四）黄色系列的植物简介

植物界中高等植物在生长生存适宜的温度条件下都是绿色的，所以又称绿色植物。可是叶绿素之外，叶中还有胡萝卜素和花青素等。还有多种"类胡萝卜素"（Carotenoid），已经弄清楚的就有 300 多种，其中"叶黄素"（Lutein）之类（与各种黄色有关的）占大多数。所以一旦秋季降温，叶柄基部生了离层，叶绿素的来源断绝，各种叶黄素就显现出来了。绿色植物变黄的种类居多数，难怪古诗人赞扬秋天为"金秋"，原因在此。

由于秋色中黄色成了整幅秋景图画的底色，园林中只好有选择地种植黄色植物，以黄色衬托红、橙、紫等较为稀有的秋红。如上选的银杏即树干通直、树形美丽、叶色金黄、落叶缓慢等，优点很多。夏季庇荫、挡风，亦很适宜，诸如其它秋叶黄色的还有鹅掌楸、白蜡，落叶的松柏类，甚至有千年栽培史的菊花，虽是草本，谈秋色总不该忘记晋代就受陶诗赞美的"采菊东篱下，悠然见南山"的名句。

16. 银杏

图 98 形如小扇的叶片，入秋变成金黄

银杏科（Gingoaceae）只 1 属 1 种，1771 年林耐定名，当时订定属名为 *Ginkgo* 可能与当地土名有关。种名 *biloba* 是指叶片二裂的意思。英名 Maidenhair tree，是秋季叶片变金黄，有如金发女郎之美，故名。中名除银杏外，还称白果，指种皮白色。

银杏，中、日均有分布，因系中生代孑遗植物，已很少野生状态，据传说浙江天目山尚有少数，如今古老庙宇中的高龄银杏都是栽培的后代。因耐性强而分布广，从东北向南至广东均常用来造林、作行道树（图 100），或供绿化观赏，十分普遍。

银杏主干通直，高可达 40m。分枝有规律，故树形优美，在园林中孤植（图 99）、列植均极美观。尤其入秋以后叶色变为金黄，形如小扇的叶片在秋风中摇曳，形成出

图 99 银杏树形优美，在园林中也适合孤植

色的金秋景象（图 98，图 101）。因属裸子植物，雌雄异株，风媒，雄株散放大量花粉随风而去。雌株受粉后种子日渐变大，有如毛桃大小，绿色，熟落地面后，因外种皮肉质，散发出不良气味。中种皮硬壳状（如核果）、白色，内种皮薄膜状，透明，种仁淡绿色，加工后可供食用或药用。大量繁殖时，即用沙藏后的种子播种很成功。形态特殊的实生苗，常用扦插或嫁接保留成为品种。目前已上市的品种有'大叶'、'小叶'、'垂枝'、'花叶'、'深裂叶'、'黄叶'……等许多。有些种北京植物园已引进。入秋由绿变金黄，是为"金秋"的主角。

图 100 银杏常用作行道树

图 101 银杏全株变黄后，将秋季抹成一派金黄

17. 鹅掌楸属

木兰科（Magnoliaceae）中分三个亚族，即木莲族、木兰族和含笑族，前两族单花顶生，很多是大家熟悉的观赏植物。唯独含笑族的花为腋生，其中最特别的是鹅掌楸属打破木兰科大部分是单叶全缘的形态，这一属叶片 3 裂而且先端平截，看起来像清代的"马褂"（一度称马褂木属），又有点像鹅掌，所以取名鹅掌楸属。花杯形，有点像郁金香，英文即取名"Tulip tree"（郁金香树）。这一族亚洲有即鹅掌楸（*Liriodendron chinensis*），在 1903 年已由 C.S.Sargent(1841–1927) 定名。在美洲也有一种叶形近似，但近叶片基部每边有 2 个侧裂片，取名北美鹅掌楸（*L.tulipifera*），这在 1891 年即由 Sargent 定名，按"花像郁金香"而取名。以上两种直到 1937 年才由陈嵘先生用中文发表在《中国树木分类学》。当时庐山、南京等地已引种成活多年。

南京中山陵园管理单位兼南京林学院（后改大学）教授叶培忠老前辈，将国产的鹅掌楸与北美鹅掌楸进行杂交的结果，很成功地育成"杂种鹅掌楸"（*L.tulipifera* × *L.chinensis*），具有明显的杂种优势，生长快，抗性强，在北京生长极佳（图 102，图 103，图 104），值得发展。

鹅掌楸属这 3 种入秋均由绿变黄，为秋季增色不少。北美鹅掌楸在华盛顿的表现因落叶早，秋色受到影响，而杂种鹅掌楸落叶迟，秋色持久，备受欢迎。

图 102 ｜ 图 103

图 102 杂种鹅掌楸叶片颇似国产鹅掌楸，先端截形，基部无侧裂。入秋由绿变黄
图 103 杂种鹅掌楸在拥挤恶劣环境中也能生长良好

图 104 杂种鹅掌楸枝繁叶茂，树形整齐，入秋极美。杂种鹅掌楸生长快，能与松柏类竞争并超过（北京）

18. 耐湿落叶的松柏类

　　裸子植物中有许多"目"，松杉目（Pinales）中包含许多科属，英文中就概括地统称 Conifers。由于它们的果实都呈圆锥形球果（Cone），加个字尾就造出 Conifer 这个普通名词。中文翻译成"针叶树"或"松柏类"都很常见。这里拟介绍秋色中3种耐湿的落叶松柏类，落叶前叶色变红褐色，树形挺直，使园中秋景颇显壮丽。3种都耐水湿，大树生长在泥中，比较少见，所以取个有趣的名字，称它们"抗泥夫"（conifer 的音译）好吗？

　　其一是水松（*Glyptostrobus pensilis*），半常绿乔木，树形优美，高达10m，在水分较多的冲积土中生长最好，是河湖边上保堤护岸的良好树种。它的叶片有3种，见下表：

叶名	生长位置	存在
鳞形叶	主枝上辐射伸展	宿存2～3年
条形叶	1年生小枝上2列	秋后与短枝同落
条状钻形叶	1年生短枝上3列	秋后与短枝同落

水松是我国特产，可惜一直分布在南方。北京春后盆栽下水，秋后温室越冬。上表中两种叶落之前由绿变红褐色，显出秋色之美。华南植物园的水松林为秋季胜景。华南水乡的布景，水松不可少（图105，图106）。

其二水杉（*Metasequoia glyptostroboides*），与水松同在杉科（Taxodiaceae）之中，也是近代在我国发现的"化石植物"。从拉丁学名的含义可知是"像水松样的更古老的红杉"。美国西海岸的红杉（Sequoia）树龄已达1500岁以上，亦属化石植物。水杉化石的发现，认为

图 105

图 106

图 105 水松怕冷，在北京春后盆栽下水，秋后温室越冬
图 106 广州华南植物园水松独美水边，秋色盎然

活植物早已绝迹,在中国发现活植物后,轰动世界,各地大量造林。形似水松,但叶片只有条形叶1种,对生,排成两列。冬季落叶前呈赤褐色。异于水松的:①相当耐寒,在北京以北至辽宁,南至广东、广西均生长良好。②生长快,耐水湿,一如水松,但在少雨的华北也能很快成林。③树形通直优美,秋季由绿变褐,在北方针叶树中首屈一指,挺然可爱(图107,图108)。

其三美国落叶松(*Larix laricina*),英名 American Larch。是本属中可以

图107
图108

图107 水杉比较耐寒,10年成林,秋色红褐可赏
图108 水杉只有条形叶1种,对生排成两列

图 109

图 110

图 109 美国落叶松极耐寒，能在沼泽中生
　　　长，秋色金黄一片
图 110 美国落叶松也能在湿土中生长，落
　　　叶前由绿变黄，临冬小枝与叶齐落

在水中生活生长的唯一 1 种。它不
仅耐湿，还很耐寒。在美国北部的
明尼苏达州，冬季 –40℃的低温下
安然无恙。在沼泽地中秋季一片金
黄色，十分喜人。

　　美国落叶松小枝光滑、灰色或红黄色，条状叶 4 ～ 5cm 长，淡蓝绿色，
球果长 2cm，光滑。成长后能长成高达 20m、较开张的圆锥形大树。落叶
前叶色变金黄，比一般落叶松更耐阴并耐污染，喜酸性土，尤其能在泥水
中生活生长，在水沟或湿地中营造秋色，不能忘记种这种落叶松。在美国
明尼苏达大学树木园中的沼泽中充作重要的一角，十分难得可爱（图 109，
图 110）。

　　在常年泥水中生长的乔木不多，松柏类尤为稀少，以上 3 种既耐水湿，
又有亮丽的秋色，值得介绍。

19. 白蜡属

木犀科（Oleaceae）大多分布在北半球温带，约21属，400余种，中国产占其中12属、178种，有少数引自国外。白蜡属在木犀科中，列入木犀亚科，白蜡族，与世界闻名的丁香、连翘在一起，分布很广，已知我国原产的约27种，少数近代从欧美引种供栽培的也有。

国产的白蜡树是因为南方的野生白蜡树上有一种蚧科昆虫，能分泌出白蜡，工业上很需要，江西、湖南等地大量种植和放养这种白蜡虫，树名也随之称为白蜡树，实际古名"梣"，改称"白梣"还很不流行。

城市中流行大量栽培的并不是或很少是上述的白蜡树（*Fraxinus chinensis*），近年北方城市大量种植的是欧美引入的，混称"洋白蜡"，十分不准确。实际上是美国白蜡（*F.americana*）（图111）、宾州白蜡（*F.pennsylvanica*）（图112），有些是欧洲白蜡（*F.excelsior*）（图113），有些是绒毛白蜡（*F.velutina*），最后这一种已评为天津的"市树"，某教材中改称"津白蜡"，可见混乱的程度了。

分类学家在大量野生及栽培的白蜡属中，找出几点突出的差异，将它们再分为亚属及组。白蜡属即被分为5组（均在一个亚属中）。这5组之间按叶形及产地分别找出一些特点，帮助我们识别。但是近代沿海城市纷纷进口国外的苗木，大量栽培以后统称为"洋白蜡"。实际上各有原来的名称及差异，尤其秋季来临，色彩变化更是各异其趣。下面分别将4种已大量栽培的所谓"洋白蜡"列表明示，拟分别弄清4种洋白蜡的区别：

中文名	乔木高（m）	羽叶的小叶（片）	小叶形状	小叶柄长（mm）	果翅与果实	秋叶变色
美国白蜡	30	5～9	卵形、卵状披针形	5～15	果翅不下延	深紫红色
宾州白蜡	20	7～9	卵状长圆、披针形	3～6	果翅下延至果中	金黄或橙红（品种）
欧洲白蜡	40	7～11	长圆形、卵状披针形	近无柄	果翅下延至果基	金黄
绒毛白蜡	18	3～5	卵状披针形	近无柄	果翅短，先端凹	金黄

国外育种事业发达，年年有新品种上市，白蜡属中久以秋季叶变黄（部分为柠檬黄）而闻名，但近来上市有叶橙红色的白蜡树，是宾州白蜡育出的变种，叶狭窄取名"lanceolata"，中名译为桃叶宾州白蜡（图114），都是新的洋白蜡的子孙。

图 111 美国白蜡秋变紫（白桦）（*F.americana*）

图 112

图 113

图 114

图 112 宾州白蜡秋变黄（绿梣）（*F.pennsylvanica*）

图 113 欧洲白蜡秋变黄（欧梣）（*F.excelsior*）

图 114 桃叶宾州白蜡秋变橙红（*F.pennsylvanica* var.*lanceolata*）

20. 菊属

菊科（Compositae）是植物界中最大的也是最进化的一科。约含1000属30000种，广布全世界，我国约有200余属2000多种。科以下再按头状花序中小花的构造分为两个亚科，即管状花亚科（Carduoideae）和舌状花亚科（Cichorioideae）。

我国供观赏、药用及食用菊科植物的历史十分悠久，早在晋代陶渊明的诗文就有记载（约公元365–427），距今已有近1600年的历史了。菊花从野生渐成栽培，并受人们的喜爱，长久不衰，原因是：

①花期晚。菊花属于"短日照植物"，即在日照变短的过程中形成花芽，秋季日照变短，到重阳节（农历九月九日）才开花，所以宋诗人陆游不无感慨地咏出"井桐叶落垂垂尽，篱菊花残续续开"的诗句。当园中已将无花可赏的日子里，惟菊可赏，十分可贵。

②不畏寒。秋季气温日渐低落，诸花纷纷凋谢。名诗人苏轼咏道："荷尽已无擎天盖，菊残犹有傲霜枝"。杜甫咏道："寒花开已尽，菊蕊独盈枝"。说明菊在寒秋仍然吐放，十分难得。

③受珍惜。唐·元稹在《菊花》诗中坦率地咏出："不是花中偏爱菊，此花开尽更无花"。冬天室外一片寂寥，菊花过后再无露地花卉可赏，人们开始室内暖冬的生活，当然十分珍爱。其他诗人多情的赞扬如"弄秋光"、"傲晨霜"、"滋夕露"等等，就不去细论了。为此，栽培千多年喜爱的结果使菊花品种数千，花形花色变化无穷。菊花为秋色增光，野菊（*D.indicum*），家菊（即栽培菊）（*D.morifolium*）在园林中与丹枫凑趣，菊有黄华，红黄相间的秋色，诗人多年来觞咏不尽，正如宋·欧阳修咏叹"烘林败叶红相映，惟有东篱黄菊盛"。朱熹咏诗"老菊不复妍，丹枫满高林"。今人更是红叶加黄菊的景观，如同合奏一首"国旗歌"。北京西山上10月间，节日纷至，盛景迷人，游者如蚁，红黄共美。

野菊在我国遍布各地，其中形态、生态、地理的变型十分多样，但均自生自灭，多年生，每年与寒秋中的红叶并美，是布置秋景不可少的好伙伴。家菊多为城市居民盆栽近赏，与野菊旷达疏野的趣味迥异。成片的野菊与时俱来，赏红叶勿忘黄金铺地的野菊，至要（图115，图116）。

图 115

图 116

图 115 林缘向阳面，秋季野菊遍洒金黄（北京房山）
图 116 糖槭林入口，大量野菊共奏秋曲欢迎游人

第 2 部分　什么植物渲染了秋色

（五）杂类

21. 海州常山（*Clerodendrum trichotomum*）

马鞭草科（Verbenaceae）含 5 个亚科，80 余属，3000 多种，大多分布在热带、亚热带。我国只发现 21 属，175 种，其中很多具有重要经济价值。而供观赏，尤其对秋色有突出表现的，在北方可以越冬的要算海州常山了。为什么选中它作为秋色植物，原因：①花期长，边开白花边结蓝果，相映成趣（图117）。②花色洁白，雄蕊伸出花冠外，与花萼变大裂片变红互相争艳，白红之间托着蓝色宝珠似的核果，真是百花凋零中的绝响

图 119 海州常山伞房状花序顶生，擎出叶丛为秋色增添瑰丽

（图118）。③花序是伞房状聚伞花序，大部分顶生（图119），1.5m高的灌木，这一层花果组合的顶生结合腋生的花序，恰与人的视平线接近（图120），同时饱赏叶、花、果之美，植物中只有海州常山满足了这种秋游之乐。这正是带给温带游人难得一见的热带习性。跟它同科同属的龙吐珠（*Cl. thomsonae*）此时早进温室避寒去了。

在辽宁、华北、西北低山坡上均有分布，但种在园中供秋色观赏，仍要注意背风向阳，注意修剪和防寒，尽量多生花序，落叶后红色花萼抱着碧蓝的小果，正好为秋色中的鸟儿留着美餐。

图 117

———————————————

图 120 ｜ 图 118

图 117 海州常山花期长，白花蓝果可同时欣赏，花果同赏正是热带植物才有
图 118 蓝果下的萼片变大、变红，整个花序如同火把
图 120 灌木 2m 以下，花序上一层红色萼片恰与视平线相近

第2部分 什么植物渲染了秋色

22. 欧洲荚蒾（*Viburnum opulus*）

忍冬科（Carprifoliaceae）在全世界有 13 属、500 多种，中国约有 12 属 200 多种，其中按形态再分为接骨木族、忍冬族、荚蒾族……等 6 个族。荚蒾族在全世界约有 200 种，据复旦大学以徐炳声为首的分类学家，将荚蒾族再按形态特征分为 9 个组，其中秋色最美的欧洲荚蒾即在"裂叶组"（Sect.Opulus），已详细登载在《中国植物志》第 72 卷中。

名为欧洲荚蒾，实际我国新疆西北部云杉林下也有野生，高加索、远东地区也有。这一种在北京确有好评：①耐寒、耐粗放的管理，耐半阴。②花序中外围一圈不孕的白花，如同一群白蝴蝶，中间一层可孕的红色小花。③结红果亮晶晶（图 121）。跟着秋叶变红（图 122，图 123），红果红叶合奏一曲秋歌，十分明丽。

美国育出一种三裂荚蒾（*V.trilobum*）很似欧洲荚蒾，只叶柄有较深宽的沟，市上出售的品种名 'Bailey Compact'，为高 1.5m 的小灌木，秋季叶色深红，红果经冬不落，十分耐寒，值得引种。尤其春季初发的新叶，绿

图 121 欧洲荚蒾 9 月初红果晶莹可爱

图 122

图 124

图 122 欧洲荚蒾 10 月在北京由绿变红，迎接秋季
图 124 更红、更耐寒的欧洲荚蒾品种'Bailey Compact'

色红边，很美（图124）。

有一个弄不清楚的问题，即中国中南各省野生的一种很像欧洲荚蒾。中名"天目琼花"。至今在文献中还无法澄清。是同物异名？还是不同的两种？讨论如下：

1. 据欧美的记载，欧洲荚蒾（*V.opulus*）与天目琼花（*V.sargentii*）是两个种。细读记载的内容却很近似。判别细微：①花序中部的可孕花，天目琼花很小，欧洲荚蒾的可孕花直径2cm；②所结红果，天目琼花直径1cm，欧洲荚蒾红果只8mm。③原产地，天目琼花产亚洲东北部，欧洲荚蒾产欧洲、中亚、北非。④耐寒性，天目琼花似不如欧洲荚蒾（资料取自L.H.Bailey及RHS两部美、英园艺大词典）。总之差异不大。

2. 据《中国植物志》等中、日文资料认为：荚蒾属可分成8类，其中有一"琼花类"（Opulus），含天目琼花（*Viburnum sargentii*），同时又提出天目琼花被一位日本人Takeda定名为*V.opulus* var. *sargentii*，另一位日本人Hara定名为*V. opulus* var. *calvescens*。这一搅和，天目琼花存在3个拉丁学名，而且两者交插混用。另有分9组的方法，将这两个种都列入"裂叶组"（Opulus），天目琼花改名"鸡树条"。中名及拉丁学名的混乱情况陈述如上，以后会逐步解决的。如今，欧洲荚蒾实物30多年前就来到北京植物园，生长很好。花果、红叶均美，仍用原名加以介绍。

图123 欧洲荚蒾高2m，全株红叶红果绘出秋季

23. 芦苇

在禾本科（Gramineae）中又分成许多亚科，其中供观赏及作为手工业原料最常见的芦竹亚科（Arundinoideae）即有一备受古诗人赞美的芦苇属。在浅水中或湿地上成片的芦苇，每到秋季抽生银白色的花序，为秋色红艳中抹上一缕淡雅的白色，尤其摇荡在风中更是动人。正如唐·刘蕃诗《季秋》：

江南季秋天，栗实大如拳。

枫叶红霞举，芦花白浪翻。（图125）

还有宋·苏庠诗《清江曲》：

白蘋满棹归来晚，

秋着芦花两岸霜。（图126）

芦花像霜、像浪，早被诗人发现了。那正是芦苇的大型白色圆锥花序。下面将芦苇的形态简述一下：

芦苇是多年生的沼生草本，高1～3m，秆直立，如水土良好，以及种间的差异，有些地方最高能达到8m。秆中空有节，节间最长能达25～40cm，大多生在茎秆中部，上下的节间逐渐缩短，节上生披针状线形叶片，均有叶鞘及叶舌，叶片长30cm左右，宽2cm。秋季秆顶抽生长约30～40cm的大型圆锥花序。花序上很多分枝，枝上悬垂着大量的小穗。每个小穗上各有4朵花。禾本科的花没有美丽的花瓣，只有两片颖（glumes）和两片稃（lodicules）保护着雌雄蕊。人们最欣赏的却是长在稃上丝状的长柔毛。它使整个花序看起来毛绒绒的，如霜似浪（图127）。澳大利亚产的芦苇（*Phragmites australis*）品种丝毛多而长，人们将花序剪下来喷上各种色彩，作为室内冬季干花插瓶观赏。

芦苇喜水湿，但只耐浅水，所以河边、湖边它的地下茎横向生长，很快形成大片芦苇荡（图128），秋光之下芦花吐放，加上荞麦花、蓼花、野菊和岸上的红叶，合唱一首秋之歌，真是迷人的美景。秋季与芦苇有近似观赏效果的还有不少。如同一亚科的花叶芦竹（*Arundo donax* var. *versicolor*），黍亚科（Panicoideae）中的芒属（*Miscanthus*）、荻属（*Triarrhena*）都是在秋季生出稍带紫色的大型圆锥花序。芒属在花序上可见到稃上伸出细而长的芒，荻属不生芒，都是陆地上像芦苇一样受人喜爱的秋色植物。芦苇、芦竹、芒、荻都是世界上分布最广的植物，也是栽培容易、很富诗意的植物。

图 125 "枫叶红霞举，芦花白浪翻"（唐·刘蕃诗句）
图 126 "白蘋满棹归来晚，秋着芦花两岸霜"（宋·苏痒诗句）
图 127 芦苇的花序因秤上生满长毛，看起来十分可爱
图 128 湖边浅水泥中，地下茎横向生长，很快形成芦苇荡

24. 钻天杨 (*Populus nigra* 'Italica')

杨柳科杨属中最美的一种。原由意大利一些变种中选出,故常称它"意杨"。树形为圆柱形,因侧枝随通直的主干垂直向上。生长快,挡风、庇荫效果均佳。秋季自上而下渐变金黄,成为园林中俊俏美丽的擎天之柱(图129)。我国东北、华北、西北均宜。

图 129 孤植钻天杨,入秋自上而下渐变金黄

25. 金枝槐 (*Sophora japonica* 'Flaves')

豆科中分 3 个亚科,槐树在蝶形花亚科中,另外有刺槐属(*Robinia*)在百年前自国外引入,习惯称"洋槐",为了怕两者混称,常将国产的槐树称"国槐"。这一种金黄叶片、冬季露出金黄枝条的新品种是国槐血统中选育出来的。所以取名'金枝'槐或'金枝'国槐。这种小乔木很别致,叶片入秋早就变黄了,在松柏树前更显鲜丽,叶子落光枝条黄色(老枝变灰),颇为冬景增色。

图 130 白桦入秋叶色变黄金，加上白色树干十分秀雅

26. 白桦（*Betula platyphylla*）

北温带冬季寒冷的地带，生长在山野林中尊为"林中皇后"的正是树干洁白的白桦（*Betula platyphylla*）。桦木科（Betulaceae）的树干大部分白、灰白，少数黑色，而且表面纸状剥离。秋季来临，小乔木举着金黄的三角形小叶迎接金秋。如果秋季穿行在西伯利亚火车线上，几个小时不断地、看不厌的白桦林区（图 130）白黄耀眼、醉人心脾。西方园林中已普遍引种白桦，挪威、北美均见。与槭树混植尤显别致。

27. 丝兰（*Yucca* filamentosa）

百合科（Liliaceae）中大部分是草本，唯独丝兰属（*Yucca*）常被列入木本的灌木之中。主要是根、茎、叶能耐低温，花期晚，秋冬季节都能挺过。茎很短，叶挺直，先端有尖刺，集生在短茎四周，近似根出叶。多年生，花期晚，能耐低温，故与秋色结合，有一定的观赏价值。木本及草本书籍中均将丝兰纳入，可见具有一定魅力。

　　丝兰很耐寒，美国北部数州深冬气温 −40℃，但园林中常见丝兰的种植，而且年年见花。L.H.Bailey 园艺词典的内容称 *Yucca filamentosa* 是 E.A.Von Regel 在 19 世纪见到叶缘的丝状物而定了 filamentosa（丝状物）这个种名，按优先权的规定沿用至今。实际上后来又发现其他有丝状物的 *Y.flaccida*（软叶丝兰）和 *Y.smalliana*（卷状丝兰），情况就有些混乱了。现北方抗寒力强，点缀秋色（9～10 月），意味浓厚的统在丝兰名下也可（图 131，图 132）。

图 131 园中丝兰立秋盛开

图 132 紫薇初秋即变淡红，丝兰在一旁唱随秋曲

第 *3* 部分

秋色园的布景

（一）引言

立意突出秋季的美色，考虑在园的全部或局部用植物材料显出秋季的景象，这里常称为"秋色园"（Garden of autumn colours）。另一种流行的概念是设计者在设计过程中，有意地在植物的配置方面，将秋色植物安排在园内，每到秋季，游人顿然觉得有显著的秋季景观，不辟专区、不加其他昭示，只是借植物表现出大自然的魅力，使大地着上秋装，也很有吸引力。像南京的"栖霞山"，北京的香山，早已是闻名的秋游胜地，自不待言。

客观情况总在供求的矛盾中变化。近现代城市规划都渐入轨道，公共绿地的开发、建设、美化环境等作业更是迫不亟待。公园当然应当按四季的变化设计不同的景观，设计师们也责无旁贷，面向广大游人的需要，做出不同的艺术布置。其中必然有一个课题："如何突出秋色？"基于这个课题的需要，坊间还找不到一本布置园林秋色的文献。为了使园林的功能更好地发挥，一年四季为什么秋色比春色应该更加精心设计和布置，本书前面一开始就已阐明，这里不再赘述了。

（二）布景

秋色园或秋色区选在哪里？如何布置？提出一些注意的方方面面。

1. 朝向

秋色靠植物表现，植物在阳光下才感到温度低了、日照短了，才开始引起体内的变化渐渐由绿变黄、变红、变紫，显出季象。所以在阳光照射下的植物才具有这种生理的敏感性。向东、向南的平地或坡地日照充足。北京西部、北部山区的坡向正是向东、向南，那里种植的黄栌、火炬树等，依次变红，所以秋色园应选向南、向东或向东南为好，实例很多（图133）。

图133 阳光充足处植物鲜红，背阴山凹上一片绿色（北京）

2. 面积

秋色的显示可以大到一个城市，如华盛顿特区，全区秋色盎然，成为美国首都的特色。还有美国北部的明尼苏达州的首府，全市以糖槭（*Acer saccharinum*）为主调，既显秋色旖丽，又能生产糖浆，双重兴旺。这在城市绿化规划中先有预谋，一定可以实现，其中包括树种的选择培育和空荒地的调查等，并不复杂。

至于局限在一个景区或景点，建成一个集锦的秋色园也是可行的。当中可以包揽园中的"盆景园"，选择秋季特有的红叶盆景、秋果盆景如枸子、枣树、山楂、枸橘等秋季观果的盆景，加上秋季闻香的桂花盆景……一定可以吸引大批秋游者光临。有些公园或植物园设有"家庭园"、"绿篱"、"灌木"的示范区，供游人学习美化环境的参考。这些地区也可以展出不少秋色植物。北欧国家，因天气寒冷，用落叶植物充作绿篱，如落叶松（*Larix*）、山楂（*Crataegus*），每逢秋季变黄、变红，异常美丽。所以面积可大可小，在总体规划时事先决定（图134）。

当然，园中秋色的主调应当着眼在乔木，用秋色迷人的大乔木作主角布置园内空地，是突出秋色的最佳手法。

3. 树种选择与配置

乔木是园景的骨干，秋赏红叶以乔木变红效果最佳。实际变黄的树木占大多数。若欲得到红黄交辉的景象，要选叶面大、落叶缓慢的树种，如华盛顿特区闻名的公园 Brookside Gardens，就选中了美国鹅掌楸（*Liriodendron tulipifera*）成为秋色中一片金黄的重要点缀，四周零星加上鲜红的小檗属（*Berberis*）灌木，达到红黄相间之美（图 135）。

由于地区气候的差异，植物的来源不同，如固定搭配的"公式"，比较难以实现，且约束了变化的艺术性，下面提出几点供选择的方法请思考：

①色块法：用同一树种所造的片林，形成同一的色块，具有较浓重的影响力。但不能造过大面积的纯林，否则会造成单调或过分统一（图 136），使游人乏味，在直径 50m 以内的色块比较适宜。

| 图 134 | 图 135 |

图 134 美国华盛顿特区，初秋鸟瞰秋色欲吐的景象
图 135 华盛顿近郊名园 Brookside，全园秋色盎然，为鹅掌楸与小檗的一曲合唱

第
9
部分

秋色园的布景

图 136 一个树种（如黄栌）满山，过分统一，比较单调

图 137 秋花的牛皮杜鹃形成天然的色块，与红叶交织，极美

②混交法：用两种秋色树种（色调及变色期不同），最多 3 个树种，植造"混交林"，其结果先后错落，既延长或穿插秋色显示的期限，色调有协调的变化，而且似有自然巧合的趣味（图 138）。

混合种植有乔木与乔木的混交，也有乔木与灌木的混交。按"风景林"的植造法，秋色林的树种选择更要注意相互间的生态适应性。例如许多灌木不能生在林下充作"下木"，只能在林缘搭配，而且还要注意树林的朝向，树林的北面就很难见到阳光。

大面积秋色林在黑龙江漠河一带见到：条状的混交，两三个树种各自形成一条林带（图 139），在高处俯视十分美丽壮观。成块状的混交如东北的秋色中有牛皮杜鹃花（*Rhododendron chrysanthum*）开大片淡黄色花朵，与红色叶的碱蓬（*Suaeda*）交织，也是一种类型的混交（图 137）。

③对比法：面积大小的对比，中国古已有之，常说："万绿丛中一点红"。长沙岳麓山上一片松柏林中一株乌桕，秋季这一株独红，非常醒目。这种自然风景中的植物组合，虽有数量的对比、面积的对比，更重要的是颜色的对比。到了秋季乌桕叶子变红，四周的松柏绿色，在色彩学中红与绿恰是对比色。即使红色的面积小，也起到以少胜多的装饰效果。秋季天高气爽，蔚蓝可爱，大量绿色落叶树逐将变黄，故古称"金秋"。在色彩学中，黄蓝二色在色环上也是对比色，所以布置秋色园，要能巧妙地利用红绿的对比、黄蓝的对比，相映衬托，收效很大，美丽动人（图 140，141）。

④国画法：这里笼统地用"国画"的意思是指在一定的框框内，用少数秋色植物，按国画的"章法"制作出像画一样的自然缩景（图 142）。在园中有意无意地会遇到一些"框景"，如两株大树的树冠与树干之间；两排直栽的树列夹景或尾景；园与园之间隔墙上的窗洞、门洞等，都是一个有边框的可用空间。在这个空间内可以"挥毫"造景，如置石充假山，种植秋色植物，配上灌木或松柏树为衬托，俨然造成一组"小品"，如同一幅可赏的秋色图画。不过要注意，立体景观的观赏客来自四面八方，一个成功的秋色小品要满足各种方向的视线，而且边框要大，框内的景物（包括植物及假山石等）要比例适当。远观近赏均如入画境。中国古山水画讲求"六法"，其中有一法为"经营位置"，很像现代艺术中"构图"的含义。就是说置造这样一组框景中的小品要像画一幅山水画，如先立下主题，打算展出秋色为主，假山为辅，主辅之间相互呼应对比，统一而又和谐。各种秋色植物（观果、观花、观叶在内）在小集体内要有疏有密，有繁有简，有

藏有露，虚实参差，力求自然。避免出现几何形体、直线、等距离之类非自然物象，要通过设计，推敲时间、空间的变化，一定能造出秋色园中如画的精彩景点。

⑤分赏法：秋色来源于秋叶、秋果、秋花三方面。秋色园的布景可以按不同的内容（指观赏的部位）分区布置，以便给游人按喜好的意愿选择，使情趣与收获一致，故按观赏部位分区布景如下。

	图138	
图140	图142	图139
图141		

图138 几种树木混植，变化多样，时间、空间事先考虑好
图139 大面积秋色林可种成林带，秋季呈条状混交（漠河）
图140 "万绿丛中一点红"颜色对比
图141 蓝天映衬金黄叶，巧用对比
图142 仿国画：用秋色的实物布置成立体景点

"秋叶园"（图143，图144）

本书前面介绍了知名而常见的秋色植物，其中观赏红叶的占多数，由于大部分植物入秋变黄色，变红的树木比较突出耀眼，而且历史悠久。早在汉代皇宫中即喜种红枫，而将皇宫改称"枫宸"，可见秋赏红叶的历史久远。但是变黄的植物一方面红黄交织，异常绚丽，一方面黄色系列中协调的深浅、明暗变化多样，也是金秋中仅次于红叶的重要内容。为此多年观察的结果，为秋叶园又发现许多新的伙伴，有些是近年从国内外引种成功的，附有照片供参考（P.120~128）；如卫矛、红瑞木、光叶榉、柽柳、白刺花、美洲榆、红栎、桂香柳等。

图143 ｜ 图144

图143 一种植物，专赏红叶或黄叶的赏叶园
图144 几种植物，秋色纷纭，以赏叶为主，相互衔接

"秋果园"（图 145，图 146，图 147）

常说"春花秋实"，许多植物秋季结实累累，而且形色喜人，只看不食的果实常具美色，引诱虫鸟来传播，同时也为秋色园增加色彩美，尤其熟而不采，悬在枝头的果实，更使人增添丰收的满足喜悦。有些果园开放给游人自采自食，也是一种品尝之乐。果实的颜色古诗中不少赞扬之句，如：

宋·惠宏：紫梨红枣八九树，竹屋柴门三四家。

宋·苏辙：茶花着雨争相秀，枣颊迎阳一半丹。

宋·苏轼：一年好景君须记，最是橙黄橘绿时。

宋·范成大：惟有橘园风景异，碧丛丛里万黄金。

……可见咏果的古诗名句很多。

园林中果实美丽使秋色引人，除已介绍一些果美之外，再为秋果园增加一些配角。如接骨木、金银木、枸橘、火棘、柿树、花楸、紫珠、山丁子、栾树等。

图 145 韩国农村家家晒辣椒，为秋景增色不少，游人纷纷留影

图 146 累累秋果现，津津尝溢涎，晴空澈万里，再临待明年

图 147 秋果园以水枸子最盛（北京）

"秋花园"（图148，图149）

许多大城市秋季举办栽培菊花的展览，这是文明社会显示人工技艺的进步，很有必要。另外也可以在工作和生活的环境中，布置成引人入胜的自然式秋花园，使人悟出金秋的来临。例如：选栽野生、半野生的秋花植物，如野菊（*Dendranthema indica*），10月内野外一片金黄，是花期长、耐性强，自生自灭的秋花主角。其他如晚秋开花不断的紫薇、六道木属的糯米条、不畏秋寒的丝兰。成片野生的蓼属（*Polygonum*）、碱蓬属（*Suaeda*）等。"仿野生"并不容易，草本花卉栽成天然撒播的形式，2～3年才能见成效。

华北的秋色11月上中旬基本结束，好景明年再见了。金枝白柳已引来北京，秋风吹落了柳树叶，剩下金黄的柔细金枝在冬风中摇荡。

图148 ｜ 图149

图148 蔓性蓼（*Polygonum*）秋花不绝
图149 秋寒闲步来，野菊次第开，金黄遍地洒，不劳烦神栽

第 4 部分

结束语

为了宣扬秋色之美，洋洋洒洒写了上面许多理由和方法，目的无非是综合一下古今中外所闻所见的秋景，为祖国的园林添砖加瓦。至此即将结尾之际，仍觉未足尽言，在此补写一番，供诸园林、旅游、城建等嗜景好游的同仁们批评指正。

（一）赏景的主观性与客观性

造景是造给人们赏游的，应该多少明白一点服务对象对想游的园林有什么要求。这是一个很难回答的问题。其中有"欣赏"与"创作"的矛盾，还有年龄、职业、个人修养与教育程度、民族、国别、社会制度、经济条件、风俗、时尚、需要与可能……等，一大堆矛盾，但归根结底是主客观的结合。这个矛盾如果统一，公共园林设计就容易学以致用，人人称快了。

试读一些古诗，当时无所谓"公共园林"或"园林艺术设计"之类的科目（或称门类），但未加人工或稍加人工的"自然美"，引发的诗兴与诗境真是美不胜收，耐人寻味。我们能不能创造、仿造或改造这样的自然风景，为熙熙攘攘的居民服务？当然可以。不过，应该明白时代的变化对主观的影响很大。古诗中明明告诉我们许许多多秋声之美来自动物，如蟋蟀叫（蛩声）、犬吠、杜鹃鸟啼、鹳鹤叫、雁声、蝉鸣、飞鸿、乌啼……等都用美的诗句写出听后的感触。如今，这些声音很难在城市或城郊听到了。代替的是汽车鸣笛、高音喇叭，还有止不住的马达声、道路摩擦的沙沙声，谈不上悦耳，更写不出美好的诗句。其他如风扫落叶、雨打芭蕉、夜半钟声……等声源也没有人去捕捉成诗，诗人的主观意识似乎也在变化之中。像唐代李商隐（813-858 年）的诗中写道："留得枯荷听雨声"，实在是十分超然的逸趣，古今难得的诗意。现池中的残荷早被中药店收购或当垃圾处理了。如果说："存在决定意识"，荷花的凋零早于睡莲，即使残荷有幸留下，谁能耐心听雨打残荷呢！这些声音难以听到，听的人也极为稀有，这一类诗境又从何而来呢！杀虫药一喷，蝴蝶、蜻蜓不来了，虫卵和幼虫更是绝迹，喜欢剔扒树皮的啄木鸟、麻雀等，都不知哪里去了。在早春树头上高唱"割麦插禾"的布谷鸟也倦勤休息了。来自动物的美声，如何把它找回来，园林设计师们想想看。

（二）赏景中形式与内容的商酌

　　形式与内容的讨论是哲学问题，园林属于活生物体为内容的表现形式。上面惋惜一番动物不肯来临的复杂问题，还得不到答案。剩下的是植物或扩大到人与植物的问题了。

　　园林美的显现，说穿了主角是植物，由于它的色彩、体形（包括姿态），总是随着时空在变化着。所占有的空间从平面（如草坪）到立体（如森林）无处不在。不像亭台楼阁那样一年到头同一副面孔。变化中的生物体，带给人类食衣住行的物质珍惠不必细述，精神上（包括生理、生态）的赐给，实在说也说不完，而且最为集中的表现场所即是"园林"。通过设计师将各种植物种在园内，满足游者视觉、嗅觉的享受。加上建筑物、道路和一些人为的装饰等，凑在一起合成所谓"××式"。这就套进哲学范畴，要讨论形式与内容的辩证关系等许多问题。

　　这里试论一下：常说"内容决定形式"，目前"世界一体化"，园林植物的市场各国情况大多是种类繁多、标新立异、购买方便。中国各大城市在节日盛典中，以展出国外新品种植物占多数。确实花色品种不断翻新，这些新的内容必然表现出新的形式。如北京奥运会（2008）期间，尤其明

图 150　英国小镇上的居民不设围墙，自然地点缀一些植物

图 151

| 图 152 | 图 153 | 图 154 |

图 151 建筑附近的植物配植不对称，不平衡，不求直线，十分自然
图 152 悬挂植物增加立面景观，旅游点上小店争奇斗艳
图 153 英国人喜欢悬挂盆栽植物，家门口、电线杆上常见
图 154 沿街的窗外种花称为"窗园"，为城市增色不少

显地用一种草花种一大片，也说不上是什么"式"，到处将地面敷满植物，免得扬起尘埃，可以简称"地毯式"或"贴面式"等，但近年又进口"立体花坛"的新模式，千奇百美的立体形象，从天安门到全国，已日渐流行了。总之，全属人为的技巧，这种美统称"人工美"。巧妙地用自然物（指植物）摆弄出非自然的形象。例如用五色草（Alternanthera 苋科）之类扦插造型成一段"长城"，作为节日的装饰，无可非议。不论形象如何都是人的艺巧。人定胜天，这类临时性的装点好评很多。真正改善人们日常需要的生态环境、增添消闲生活的内容，还有一些距离。工作或生活的环境整天伴随着我们，对环境的要求，既要依附人类的生态要求，又要达到隽永常存的环境之美。这就需要好好研究一下形式与内容的问题。为此参观了许多国家的"环境"，尤其劳动力缺乏乃至昂贵的国家，植物种类不少，但都淡雅自然，省工而实惠，不加雕琢、亦不华丽。如英国农村的小镇或民居，均注意自家的门前屋后用植物点缀（图150，图151），偶见一条几十户的道路，家家没有围墙，屋前的小院、小路尽是白色、淡蓝和少量淡黄花朵，只有一家放了一盆紫红色的叶子花，整个的气氛淡雅平静。他们喜欢悬挂盆栽植物，观花观叶的都有，电线杆、房屋转角、大门口，经常悬挂植物（图152，图153），使立面装饰提高不少。有些家沿窗外用木箱或砖台盛土种花，所谓"窗园"（Window Garden），满足住家的喜好之外，也为城市及居民区增添了瑰丽的外观（图154）。这些内容全由家庭主妇动手，早晨菜市上，在许多卖花卉种苗的摊位随意选购。家家户户都很主动地把空地种上自己喜爱的花木。从中比较明显地感觉到：民族之间对色彩的喜好或搭配确是不尽相同。用缓曲线多于直线，对模仿自然找到了窍门。做到了"土地不露天"，

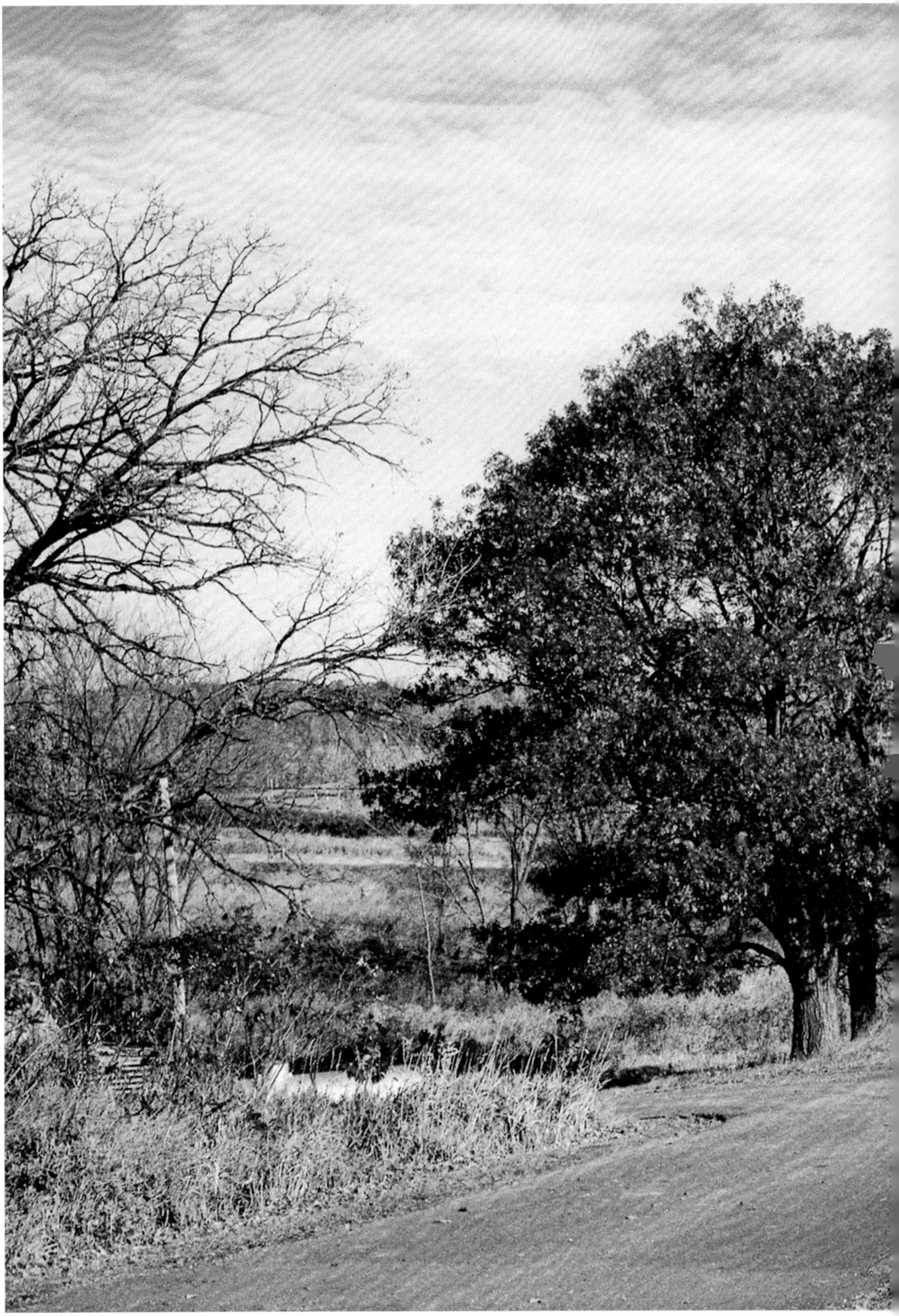

但团块之间的线条都很自然地相倚、相抱，很像自然天成的"花境"。这些素雅的"内容"已悄然构成了"形式"。英国园林中找不到几何图案、对称平衡的配置，逐步成为世界公认的"英国的自然式"（British Natural Style）。作者看到实景，又在一个博物馆（Victoria and Albert Museum）里见到这个"形式"发展的历程，怨不得一个老太婆跟我讲："要学意大利式的花园快把人累死了"！可见刻意追求的结果，得失如何经过认可之后才得改正。举出英国的花园形式为例，想说明："从群众的喜好中发现内容、由普遍的内容逐渐产生形式。"其中风风雨雨可能经历很长的艰难岁月。

中国的园林形式自古崇尚自然，清代以前几千年没有受过外来形式的影响。古典园林中皇家园林乃至江南园林、岭南园林等，无不走着"自然式"的模式：在保留自然、改造自然、仿造自然这三条宽广的自然式大道上创作出举世闻名的"中国自然式"（Chinese Natural Style）。如今发觉人工操作下的自然式园林，最难走的实际情况是"不露人工参与的痕迹"，也就是耳熟的"虽由人作、宛自天开"这句名言。

（三）关于园林植物的科学发展观

园林风景的主角是植物，为满足人类的生态需要，这是毋庸置疑的。以前布置园林按植物防风、庇荫、装饰的效果等进行安排。如今一起纳入"人类生态学"的领域来探讨。人们欣赏的效果由心理学来分析，这些都离不开仪器的测度。当前，对植物的选择和配置还在一定程度上凭眼睛的直觉，市场竞争的标志还是植物形态的表现，诸如：体形、姿态、色彩、生长状况等。其结果园林植物这个行业一直以标新立异、立足于育种工作、以翻新花样为主。

中国是以植物种类丰富驰名世界的。许多老一辈的植物学家历尽艰辛，弄清楚国产的"家底"，发表 100 多卷记载详细的《中国植物志》巨著。使我们从中得到无可估量的知识和在开创的事业中利用这些植物。可是，在编这本《园林秋色——秋景植物及配置》的过程中发现，建设社会主义新园林还有一些尚未协调地走上科学发展观的道路，仅以粗识提出下面几点供同志们批评讨论：

①野生走上栽培的道路。至今只有较少的植物由野生被种植业者引种栽培。中国闻名的野生植物如珙桐（*Davidia involucrata*）、水杉（*Metasequoia glyptostroboides* ）等，西方植物园早已用高价或其他手段引种然后繁殖推广、育种、上市、谋利，成为十分瞩目的新鲜货色。20 世纪 40 年代，丹麦首都哥本哈根植物园的珙桐首次开花，水杉在草地上亭亭玉立。当时做为一个中国人，还是第一次见到这两种祖国的特产，言之颜赧。

还有，长江以南野生的红木（*Loropetalum chinensis var.rubrum*），数量不多但十分美丽，由于繁殖要嫁接，迟迟多年才进入国内的苗圃和市场。云南、贵州野生的杜鹃花被英国人多次采掠在 400 种以上，如今英国用这些中国杜鹃花杂交育成的品种、变种、杂种已达 4000 种以上，而我国西南山区的野生杜鹃花依然如旧，虽然"家底"摸清了，下一步选择这些宝藏，将野生园林植物转为栽培，然后用科学的方法改良，改进的野生植物进入市场、美化园林，其中特异的品种一定能在国际市场上竞争。

②栽培中育种工作一定要跟上。野生植物通过栽培会发现不足之处。要经得起市场竞争，改进不足之处或标新立异、提高质量都必须走育种的道路。例如美国北部原产的"秋色之王"糖槭，近年不断在品种目录中出现新的亚种及品种，如明尼苏达州的 Bailey 苗圃产品目录中，糖槭名下的注释："供应秋色金黄（Rock yellow）、亮黄（Brilliant yellow）、各种深浅的橙色（Orange）和红色的糖槭。"虽似广告式的漫言，实际上在科学栽培的道路上，你追我赶的竞争中言之有物，并无虚言。如果我们自己走育种的道路，通过试验研究可能耗时长一些，应当坚信，一旦"开步走"，准有一天外国人会来采购我们的优秀品种。

③开展育种工作的科学发展观。育种工作不是万能的，如果从生物学、化学及物理学三方面的理论进行育种的实验、探试，确实能从无到有得到意想不到的成果。如杂交水稻的产量猛增解决我们的民生问题，意义重大自不待言。观赏植物，包括秋季特别引人入胜的秋色植物，观叶、观果、观花的这一大批美丽的产品，照样能吸引游人，活跃园林业和旅游业，尤其苗木的市场为之繁荣兴盛，园林的面貌为之改观，在国际上争荣耀。其中的受益无可估量，不容忽视。

用科学发展观来促进育种工作，包括的相关学科很多：首先要决定育种的目的性。如形态学方面（包括高矮、花形、花色等），如地理学方面（包括扩大栽培地区、耐性、抗性的提高等），如栽培学方面（包括抗旱、抗涝、繁殖、修剪、功能与装饰的发挥等），这些都有一定的市场需求。中国北方城市，为抗寒性可靠而向美国北部的大苗圃（如 Beiley 苗圃）采购或联营，原因在此。最好各方面科学地综合起来，决定育种的目的。

其次是技术性问题，围绕目的的需要，选择适当的亲本，即亲本中含有某种需要的目的性。希望通过育种的手段，这些理想中的目的由分散能重新组合，成为一个理想的新品种。例如当前品种最丰富的月季（*Rosa hybrida*），月月开花的习性是来自中国产的月月红（*Rosa chinensis*），有香气是来自云南产的香水月季（*Rosa odorata*），花型大而中间紧抱的花形是来自叙利亚产的大马士革蔷薇（*Rosa damascenus*）等等。在这个基础上，月季的品种这几十年中积累到两万多个，花色花形的变化超乎想像。由于市场利润高，亲本的保密性也更高。但是育种的科学技术并没有较大的突破，更不是高、精、尖，成功的关键在于认真地走上科学发展的道路。何止月季如此！无数的有观赏价值的植物，包括秋色灿烂的大量枫树、槭树等，都要寻求新的观赏价值，为全世界的秋色抹上一缕亮丽的秋光！大家努力吧！科学的宽广大道正在等待我们前进。

（四）推荐一些有特色的秋景植物

金枝白柳（杨柳科） *Salix alba var.tristis*
高 25m 大乔木。落叶后枝黄色下垂。世界各大洲均有栽培，喜温湿，北京可长。

糯米条（忍冬科）
Abelia chinensis
落叶灌木，高 2m，花白色带粉红，芳香。立秋后仍开花不绝，直至初霜。耐寒、不择土壤，在六道木属中花期最晚而长，秋色中难得的灌木。

卫矛（卫矛科）品种'密冠'
Euonymus alatus 'Compactus'
落叶灌木，高 3m，2 年生枝上有木栓翅。秋叶极红，果实内种皮红色，北方各地均常见园中作绿篱或孤植均美。

红瑞木（山茱萸科） *Cornus alba*
落叶灌木，高可达 3m，茎终年红色，秋叶变红，落叶后冬季赏枝条，雪后优美。耐性强，繁殖容易。

光叶榉（榆科） *Zelkova serrata*
乔木，高 15 ～ 24m，秋叶变红、淡红。不十分耐寒。行道树、遮荫树、秋景树。

白刺花（豆科）
Sophora viciifolia (*S.davidii*)
落叶灌木。枝细软下垂，小叶 6 ～ 9 对。秋变金黄，夏开白花，轻盈可爱，北京可种。

红栎（壳斗科） *Quercus rubra*
高 23m 大乔木，树形美丽，叶色秋变红褐。极耐寒，赏叶期长，优质大型观赏树。

第四部分

结束语

121

美洲榆（榆科） *Ulmus americana*

乔木高 18～24m，秋叶变黄，行道树、庇荫树、秋景树。原产美国，耐寒。

柽柳（柽柳科）*Tamarix chinensis*
落叶灌木或小乔木，高5～7m，枝下垂，干不直似盆景。耐性强，寒、热、盐碱、干、湿均能生长，分布极广。夏秋大圆锥花序开淡粉红花，秋叶变黄褐色，十分潇洒。固沙防风之外，城市园林喜其枝叶婆娑，颇有画意。

桂香柳（沙枣，胡秃子科）
Elaeagnus angustifolia
落叶大灌木或小乔木，高8m，幼枝及叶片银白色，小黄花有香气，果橙黄色，全株呈灰色团块，景色突出。耐寒、耐旱、耐盐碱、耐瘠薄。喜沙土，故名沙枣。

接骨木（忍冬科）
Sambucus williamsii
落叶灌木或小乔木，高4～8m，奇数羽状复叶2～5对，顶生圆锥花序，夏开小白花，秋结鲜红果实，甚美。国内分布甚广，耐性很强，秋景不可少。

金银木（忍冬科）
Lonicera maackii
落叶灌木，高5m，花成对腋生，先白后黄有香气。耐寒，遍布全国，秋结红果，可粗放管理。秋色园中观果、欢花均宜。

火棘（蔷薇科）
Pyracantha fortuneana (*P.angustifolia* T.)

窄叶火棘

有刺灌木，常绿，高3～4m，秋结红果（窄叶火棘结黄果）。不耐寒，中南、西南、东南野生或园林栽培。秋果，夏花，园中观赏或作围篱。

枸橘（芸香科） *Poncirus trifoliata*
落叶灌木或小乔木，高6m，3小叶互生，秋果黄色，花果均香。北京可栽，有刺，可作绿篱及秋季观果。

柿树（柿树科） *Diospyros kaki*
落叶乔木，15m高，南北品种数百，落叶前叶色变红，落叶后果实悬在枝上，秋色甚美。

山丁子（山荆子，蔷薇科） *Malus baccata*
小乔木，高6～10m，春花白色，秋色红果经冬不落，招鸟极佳。极耐寒，雪中红果为园景增色。本属结黄果者为湖北海棠（右）。

宝华山花楸（蔷薇科） *Sorbus pauhuashanensis*
小乔木高 8m，秋叶变红，熟果红色，秋色极佳。
华北，东北，西北均产。
喜酸性湿润土壤，耐阴，耐寒。

紫珠（马鞭草科）*Callicarpa japonica*

落叶灌木，高1～2m，产东北南部、华北、华中；日本、朝鲜等地也有。秋果蓝紫色，十分别致。聚伞花序，果序为园林增色不少。

紫薇（千屈菜科）

Lagerstroemia indica

落叶灌木或小乔木，高7m，树干光滑，晚秋开花不绝，落叶前叶变橙红。花色品种很多（右），不太耐寒。

栾树（无患子科） *Koelreuteria paniculata*
落叶乔木，高15m，羽状复叶，晚夏开金黄色花。秋果膨大迟落，秋季落叶后赏果（下）。耐性强，适栽区甚广。